Eingriffverhältnisse
der
Schneckengetriebe
mit
Evolventen- und Cykloidenverzahnung
und ihr
Einfluss auf die Lebensdauer der Triebwerke.

Ein Abriss der graphischen Untersuchung von Schneckenräderwerken für die Praxis und den Unterricht an technischen Lehranstalten

von

Ad. Ernst
Professor des Maschineningenieurwesens
a. d. Königl. Technischen Hochschule Stuttgart.

Mit 77 Konstruktionsfiguren.

Berlin.
Verlag von Julius Springer.
1901.

ISBN-13: 978-3-642-89656-9 e-ISBN-13: 978-3-642-91513-0
DOI: 10.1007/978-3-642-91513-0

Erweiterter Sonderabdruck
aus der
Zeitschrift des Vereines deutscher Ingenieure
1900.

Softcover reprint of the hardcover 1st edition 1900

Vorwort.

Die Schneckengetriebe haben durch die Einführung des elektrischen Betriebes für Aufzüge, Krane und eine Reihe von Werkzeugmaschinen mit eigenen Motoren eine sehr weite Verbreitung und hohe praktische Bedeutung gewonnen. In eben dem Mafse ist die Wichtigkeit des Studiums und der genauen Kenntnis ihrer Eigenschaften gestiegen, deren Durchforschung und Aufklärung mancherlei Schwierigkeiten begegnet, weil sich die einzelnen Vorgänge bei Versuchen mit ausgeführten Triebwerken dem unmittelbaren Einblick entziehen und auch die wissenschaftliche Untersuchung auf dem Zeichenbrett mit Zuhülfenahme der mathematischen Analysis und Geometrie zumteil nichts weniger als einfach ist.

Selbst in den besten Lehr- und Handbüchern über Maschinenelemente ist das Gebiet nur sehr kurz abgefertigt. Auch die Zeitschriftenlitteratur bietet, mit Ausnahme der von R. Stribeck veröffentlichten Versuche, welche auf die grundlegenden Verhältnisse näher eingehen, wenig brauchbare und teilweise sogar irrtümliche Beiträge zur Sache. Hiernach schien mir ein Bedürfnis vorzuliegen, die schwebenden praktischen Fragen durch eine erschöpfende Behandlung zu beantworten und dadurch zu einem festeren Abschluss zu bringen, dass die neuesten zutage geförderten Hülfsmittel für die Untersuchungen allgemein bekannt gegeben werden.

Abgesehen von der Befriedigung des unmittelbaren Bedürfnisses der Praxis, die Mittel zu einer genauen Prüfung ihrer Entwürfe und Ausführungen zu erlangen und Aufklärung über die Gründe zu erhalten, weshalb sich die Erfolge mit Schneckentriebwerken zumteil widersprechen, bildet die vorliegende Abhandlung aber auch eine bisher fehlende Ergänzung des allgemeinen Kapitels über Zahnräderwerke und beschäftigt sich gerade mit den verwickeltsten Fällen der Verzahnung, für deren gründliche Darlegung die Untersuchungsmethoden bisher noch nicht vollständig ausgenutzt waren.

Angesichts der Wichtigkeit der Schneckentriebwerke werden sich die technischen Hochschulen und auch die mittleren Fachschulen in Zukunft kaum mehr der Förderung entziehen können, die Aufgaben aus diesem Gebiet im Unterricht eingehender als seither zu behandeln, und ich glaube vor allem den Studirenden und Schülern durch die bequemere Benutzbarkeit einer gesonderten Ausgabe meiner ursprünglich in der Zeitschrift des Vereines deutscher Ingenieure in einzelnen Abschnitten erschienenen Arbeit für diese Zwecke eine willkommene Erleichterung zu bieten, die vielleicht auch den Unterricht des Lehrers fördert, weil sie ihm sorgfältig ausgewählte Vergleichsbeispiele in handlicher Form liefert.

Wer einige der Hauptaufgaben anhand der Abhandlung selbständig durchgearbeitet hat, wird das ganze Gebiet mit Sicherheit beherrschen, aber die ersten Schwierigkeiten sind nach meinen Erfahrungen nicht zu unterschätzen, und der Anfänger bedarf einer planmäfsigen Unterstützung durch vollständig durchgearbeitete Beispiele mit getreuer Wiedergabe eines umfassenden Figurenmaterials, das in den allgemeinen Handbüchern über Maschinenelemente wohl zu viel Raum beansprucht, um dort Aufnahme zu finden, und nur auszugsweise berücksichtigt, kein vollständiges Bild und Urteil gewährt.

Der Neudruck enthält eine wesentliche Bereicherung der Untersuchung und Kritik mit vermehrter Figurenzahl.

Die Globoidschnecken sind von der Untersuchung ausgeschlossen, weil sie ein ganz eigenartiges reines Schraubengetriebe bilden, indem die Schnecke das Rad, ähnlich wie die Mutter eines Handschnellbohrers die Bohrspindel, in Drehung versetzt und die Profilirung nichts mit der allgemeinen Verzahnungstheorie gemein hat, welche die Zahnformen der gewöhnlichen Schneckengetriebe bestimmt.

Wie in allen meinen Arbeiten bin ich bemüht gewesen, durch möglichst erschöpfende Entwicklung und Erklärung des Verfahrens dem Neuling die selbständige Beschäftigung mit der Sache zu erleichtern und stufenweise von den einfacheren Fällen zu den schwierigeren überzugehen.

Möge mein Bestreben, durch diese neuen Bausteine zum Gebiet der Maschinenelemente der Praxis, wie dem technischen Unterricht in gleicher Weise zu dienen, seinen Zweck erfüllen.

Stuttgart, 19. November 1900. **Ad. Ernst.**

Inhaltsverzeichnis.

Behandelte Beispiele.

Einleitung.

R. Stribeck hat in seinen wertvollen Veröffentlichungen über »Versuche mit Schneckengetrieben«, Z.d.V.d.I. 1897 S. 936 u. f., 968 u. f. und 1898 S. 1156, die Grundzüge der Eingriffverhältnisse dieser Triebwerke kurz behandelt und bei dieser Gelegenheit die bis dahin in der technischen Litteratur verbreiteten irrtümlichen Anschauungen berichtigt. Aber auch die Stribecksche Darlegung bedarf noch weiterer Ergänzungen, um einen vollen Einblick in die überaus verwickelten Verhältnisse zu gewinnen und ein mathematisch genaues Bild der Sachlage zu entwerfen. Die erschöpfende Untersuchung der Verzahnung für Schneckengetriebe führt aufserdem zu Erscheinungen, die auch für die gewöhnliche Stirnräderverzahnung und insonderheit für deren Ersatz durch Kreisbogen von Wichtigkeit sind, weil ganz allgemein geringfügige Profilfehler einen gröfseren Einfluss auf den regelrechten Eingriff haben, als meist angenommen wird. Ich werde daher an geeigneter Stelle im Laufe der Abhandlung auch hierauf eingehen.

Es ist bisher aufser acht gelassen oder wenigstens, soweit mir bekannt, nirgends hervorgehoben, dass die Begrenzung der Eingriffstrecken des Wurmgetriebes durch die beiderseitigen Zahnkopfkreise keineswegs unter allen Umständen die wirkliche Eingriffdauer bestimmt, sondern dass unter gewissen, gerade bei Schneckengetrieben nicht seltenen Verhältnissen der thatsächliche Eingriff schon vor dem Eintritt der Schneckenkopfbahnen in die Eingrifflinien aufhören kann. Auch ist meines Wissens bisher von keiner Seite darauf hingewiesen, dass in den Schneckenprofilen einzelner Schnittebenen, welche die Verzahnung des Rades bestimmen, Formen auftreten, für welche es nach der allgemeinen Verzahnungstheorie überhaupt kein ausführbares regelrechtes Arbeitsgegenprofil giebt, sondern sich nur relative Bahnkurven bestimmen lassen, die den freien Durchtritt des Zahnes ermöglichen.

Dass sich bei der Herstellung der Schneckenräder diese Formen im allgemeinen von selbst ausbilden und deshalb wenigstens nicht unmittelbare Störungen der Bewegungsübertragung auftreten, ist ein glücklicher Zufall, der jedoch eine besondere Untersuchung im einzelnen Falle nicht entbehrlich macht, weil das nutzbare Eingrifffeld durch solche Verhältnisse unter allen Umständen beschränkt wird oder der Verschleifs durch die dauernde ausschliefsliche Schleifbewegung einzelner Punkte steigt.

Schliefslich scheint aber auch von den meisten, die sich bisher mit der Sache beschäftigt haben, übersehen zu sein, dass selbst bei dem genauesten praktischen Herstellungsverfahren für Schneckengetriebe, durch Fräsen des Rades, die Frässchnecke einen gröfseren Durchmesser hat, als die im übrigen gleichgeformte Arbeitsschnecke, und dass auch hierdurch die Gestalt und Eingriffdauer der Radzahnprofile in einer Weise beeinflusst werden kann, welche zu Abweichungen von den gewöhnlich nur inbetracht gezogenen regelrechten Arbeitsprofilen führt.

Aus all diesen Verhältnissen ergeben sich von Fall zu Fall verschiedenartige Unregelmäfsigkeiten, die bei der Ermittlung und Uebertragung von Versuchszahlen nicht aufser acht gelassen werden dürfen, weil sie auf die Ausdehnung des Eingriffes, auf den spezifischen Druck, die spezifische Flankenreibung und auf den Verschleifs von Einfluss sind.

Die Lösung aller hier inbetracht kommenden Fragen stützt sich auf die Konstruktion von Profilloten in beliebigen Punkten der einzelnen zu untersuchenden Schneckenschnitte, ohne dass für die verwickelte und vielgestaltige Form dieser Schnittkurven ein Verfahren bekannt gegeben war, die Lote mit einfachen Mitteln mathematisch genau zu bestimmen.

Es scheint, dass auch die bisher veröffentlichten Schneckenuntersuchungen diesem Theil der Aufgabe nicht näher getreten sind, sondern sich beim Aufzeichnen der Eingrifflinien mit dem Anlegen gewöhnlicher Dreieckwinkel an den Kurvenverlauf begnügten, um auf rein mechanischem Wege Tangenten- und Lotrichtungen einzutragen.

Das rohe Verfahren hat zwar für die mühselige und zeitraubende Arbeit der ganzen graphischen Untersuchung den Vorzug geringeren Zeitaufwandes und liefert auch bei geübten Zeichnern mit scharfem Augenmafs ziemlich genaue Bilder, aber man muss der Zuverlässigkeit des Zeichners sehr sicher sein. Dazu kommt, dass man auf diesem rein mechanischen Wege selbstverständlich keinen Einblick in die allgemeinen mathematischen Beziehungen erhält, welche die unentbehrliche Grundlage eines umfassenderen kritischen Urteiles über den Einfluss der einzelnen Verhältnisse auf das Verhalten verschiedener Schnecken bilden.

Der Mangel ausreichender Diskussionsfähigkeit haftet auch den rein graphischen, mathematisch genauen Lotkonstruktionen der deskriptiven Geometrie an, falls man nicht die analytischen Beziehungen daraus noch ableitet.

Die Aufnahme eingehender Schneckenuntersuchungen in meine Unterrichtsbehandlung der Maschinenelemente an der Stuttgarter technischen Hochschule führte einen meiner Schüler, J. Kirner, zur Entwicklung einer analytisch-geometrischen Lotkonstruktion, die inzwischen, nach ihrer ersten Veröffentlichung in der Zeitschrift des Vereines deutscher Ingenieure, noch durch M. Rother, Direktor des Wasserwerkes in Leipzig, und durch J. Kirner selbst weiter vereinfacht ist[1]).

Die Thatsache, dass in der Praxis mit Schneckengetrieben sehr verschiedene Erfahrungen gemacht werden, dass sehr befriedigenden Ergebnissen auch durchaus ungünstige gegenüberstehen, dass sich bald Schnecken von geringer Steigung besser zu bewähren scheinen, als steilgängige, bald umgekehrt[2]), und dass die Uebertragung erprobter Erfahrungszahlen von einem Getriebe auf scheinbar ziemlich ähnliche nicht selten zu Enttäuschungen führt, lassen bereits vermuten, dass die Verhältnisse weit verwickelter sind und kleine Unterschiede mafsgebender, als bei oberflächlicher Schätzung angenommen wird. Veränderungen in der Steigung und Teilung, in der Wahl der Zahnhöhen und Radbreiten, kleine Ungenauigkeiten in der Ausführung und Montirung können die Eingriff- und Verschleifsverhältnisse auch bei sonst gleichen Gesamtbelastungen und Umdrehungsgeschwindigkeiten erheblich beeinflussen.

---

[1]) Die in der vorliegenden Abhandlung behandelten Beispiele bilden eine Auswahl aus dem der Praxis entnommenen Studienmaterial und bringen die beachtenswertesten verschiedenen Einzelfälle zur Anschauung. Die Originalzeichnungen für die Veröffentlichung sind von meinem Assistenten, Regierungsbauführer R. Stückle, angefertigt. Auch der Assistent, Regierungsbauführer Dauner, hat an den umfangreichen und mühevollen Vorarbeiten der Untersuchungen anerkennenswerten Anteil. Die Figuren sind meist im doppelt bis vierfach vergröfserten Mafsstab entworfen, um möglichst grofse Schärfe zu erzielen, und dann für den Druck auf die angegebenen Mafsverhältnisse photographisch verkleinert.

[2]) Vergl. American Machinist Januar 1898: Modern Practice with Worm Gearing.

Alle Prüfungsversuche erfordern als Grundlage scharfe zeichnerische Darstellungen, weil die mafsgebenden Eingriffverhältnisse in einem und demselben Getriebe von Schnitt zu Schnitt wechseln und der unmittelbaren Beobachtung vollkommen entzogen bleiben.

Eine weitere Klärung kann für die Praxis daher meines Erachtens nur gewonnen werden, wenn man ihr die Hülfsmittel an die Hand giebt, die theoretischen Grundverhältnisse für jeden einzelnen Fall festzustellen und vollständig zu überblicken, um mit geschärftem Urteil einen zuverlässigeren Vergleichsmafsstab für die auftretenden Verschiedenheiten zu gewinnen und die Aufmerksamkeit auf diejenigen Punkte zu richten, welche im Entwurf oder in der Ausführung abänderungsbedürftig erscheinen, damit schädliche Einflüsse ferngehalten oder vorhandene womöglich noch beseitigt werden.

Auch möchte ich besonders hervorheben, dass erst die gewissenhafte Durchführung des zeichnerischen Verfahrens und die Erkenntnis, dass Zeichenfehler sogar von kleinen Bruchteilen eines Millimeters noch von merklichem Einfluss auf die Profilformen und Eingriffverhältnisse sind, dem Urteil eine feste Unterlage gewähren, welche Anforderungen selbst bei sorgfältigster Herstellung der Schneckengetriebe schliefslich auch an die Montirungsgenauigkeit zu stellen sind, um Misserfolgen vorzubeugen; denn für das Verhalten im Betriebe ist es im wesentlichen gleichgültig, ob so geringfügige Fehler in der Zeichnung auftreten oder ob sie bei der Ausführung oder in der Montirung entstehen. Es wird dann niemand mehr, der sich der gründlichen Untersuchung der Arbeitsverhältnisse zunächst auf dem Zeichenbrett unterzogen hat, im Zweifel darüber sein, wo der Fehler zu suchen ist, wenn von zwei genau in gleicher Weise mit denselben Werkzeugen geschnittenen und gefrästen Schnecken und Rädern unter gleichen Betriebsbedingungen das eine Paar tadellos läuft, das andere mit den Merkmalen einer von Erzitterungen und krunksendem Geräusch begleiteten, dauernd fortwirkenden Selbstfräsung schnell zugrunde geht.

Unter diesen Verhältnissen veranlasst mich die Erfahrung, dass die kurzen Angaben über das zeichnerische Verfahren, welche Stribeck den Mitteilungen über seine Versuche in Z. d. V. d. I. 1897 S. 936 u. f. vorangestellt hat, für viele zu knapp gefasst sind, um sich leicht und rasch in der Lösung der Aufgabe zurechtzufinden und weitere Untersuchungen allein durchzuführen, sowie die oben angedeuteten unentbehrlichen Ergänzungen, den ganzen Sachverhalt von Grund aus zu entwickeln. Die Ergänzungen allein würden noch weniger auf ein Verständnis in weiteren Kreisen rechnen können, und es ist unmöglich, einen vergleichenden Gesamtüberblick zu gewähren, wenn man nur einzelne Sonderfälle herausgreift, die zu diesen Ergänzungen Veranlassung bieten.

Bestimmung der Arbeitsprofile der Schnecke.

Nach der Erzeugungsart der Schrauben lässt sich die Bewegung jedes Schneckenprofilpunktes in eine Drehung um die Schneckenachse und in eine gleichförmig fortschreitende Verschiebung in der Richtung der Achse zerlegen. Von diesen beiden Komponenten kann nur die letztere treibend auf das eingreifende Schneckenrad wirken und kommt für die nachfolgenden Untersuchungen allein inbetracht, während die erstere ausschliefslich gleitende Reibung zwischen den Eingriffprofilen hervorruft, weil sie senkrecht zur Drehebene des Rades gerichtet ist.

Fig. 1, S. 6, stellt den Querschnitt einer Schnecke mit dem sich konzentrisch anschmiegenden Zahnfelde dar. Die Schnecke ist doppelgängig mit Evolventenverzahnung, Fig. 2, d. h. mit trapezförmigem Gangprofil im Mittelschnitt und der üblichen Neigung der Flanken unter 75^0 gegen die Längsachse, versehen.

Die Teilung beträgt $t = 1^1/_8{}''$ engl. $= 28{,}574$ mm, die Steigung $2\,t = 2^1/_4{}''$ engl. $= 57{,}148$ mm, der Kerndurchmesser der Schnecke 38 mm, der äufsere Durchmesser 70 mm, der Teilrissabstand von der Achse 28 mm, sodass die Kopf- und Fufshöhen im Mittelschnitt mit 7 und 9 mm etwas kleiner sind als die sonst empfohlenen Abmessungen $0{,}3\,t = 8{,}6$ mm und $0{,}4\,t = 11{,}4$ mm. Der Steigungswinkel der Schnecke im Teilriss ist 18^0. Das zugehörige Rad enthält 40 Zähne bei 364 mm Teilkreisdurchmesser.

Zur späteren vergleichenden Untersuchung des Einflusses der Zahnfeldgröfse sind zwei verschiedene Begrenzungen des Radzahnes nach *CDEFBC* und *C'DEF'BC'* angegeben, je nachdem man die Zahnköpfe der seitlichen Eingriffzonen, wie in der Ausführung, nach einem doppelseitigen Kegel, oder aufgrund der Stribeckschen Vorschläge nach einem Cylindermantel abdreht.

Die Untersuchungsebenen senkrecht zur Radachse sind in symmetrischen Abständen vom Längsmittelschnitt angenommen und in der Figur durch ihre Spuren 1—1, 2—2, 3—3 . . . II—II, III—III . . . gekennzeichnet.

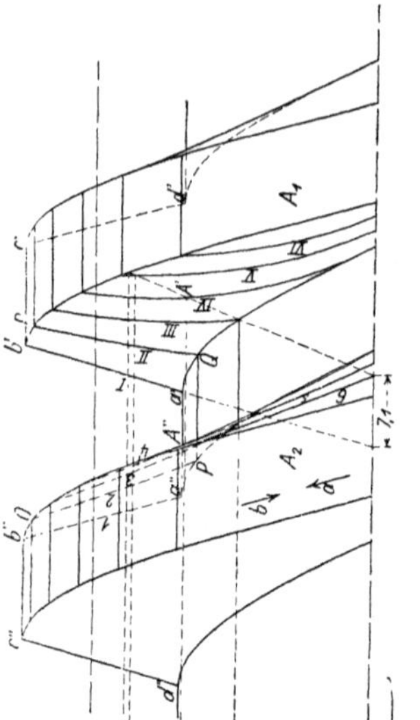

1 : 1 Fig. 2.

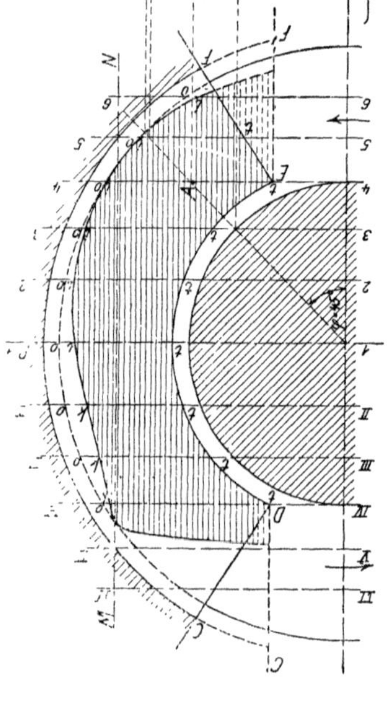

1 : 1 Fig. 1.

Die Konstruktion der zugehörigen Schnittkurven des Schneckengewindes ist in Fig. 2 durchgeführt, welche den Längsmittelschnitt der Schnecke $d'c'b'a'a''b''c''d''$ in der Zeichenebene enthält und auch alle übrigen Schnittkurven wegen ihrer parallelen Lage zur Bildebene in wahrer Gestalt und Gröfse darstellt. Für die Evolventenverzahnung findet man die Schnittkurven, wie in der Figur angedeutet, am genauesten aus den Schnittpunkten der erzeugenden Geraden der Schraubenfläche mit den einzelnen Untersuchungsebenen, in dem man im Querriss, Fig. 1, die Projektion der Erzeugenden, d. h. einen Radius zieht, die Schnittpunkte desselben mit dem Kern- und Aufsenkreis in den Aufriss der entsprechenden Kern- und Mantelschraubenlinie, Fig. 2, hinüberprojizirt und sie dort wieder durch eine Gerade, die Aufrissprojektion der Erzeugenden, verbindet. Die Schnittpunkte des Querrisses der Erzeugenden mit den Spuren der Untersuchungsebene 1—1 bis 5 — 5 liefern dann, in den Aufriss hinüberprojizirt, für die einzelnen Ebenen Punkte der von ihnen gebildeten Schnittkurven. So findet man z. B. für den Punkt A, Fig. 1, die entsprechenden Punkte A' und A'' in Fig. 2. Das Verfahren liefert gleichzeitig die Schnittkurven für die beiden einander gegenüberstehenden Flanken der Schraubengänge A_1 und A_2, Fig. 2.

Eine weitere Kontrolle der Zeichnung gewinnt man durch die Erwägung, dass der Schnittpunkt der erzeugenden Geraden der Schraubenfläche auf der Schneckenachse um einen dem Drehwinkel der Erzeugenden entsprechenden Teil der Steigung fortrückt, dass also z. B. für den Winkel 45^0 im Querriss, Fig. 1, der Achsenschnittpunkt im Aufriss um $^1/_8$ der Steigung, d. i. für den vorliegenden Fall um 7,14 mm aus der Anfangslage im Mittelschnitt, Fig. 2, verschoben ist.

Für Cykloidenverzahnung hat man aufser der Kern- und Mantelschraubenlinie im Aufriss noch weitere, dazwischen liegende Schraubenlinien des Profils zu entwerfen, die sich im Querriss sämtlich als Kreise projiziren. Die Schnittpunkte dieser Kreise mit den Spuren der Untersuchungsebenen sind dann auf die entsprechenden Schraubenlinien des Aufrisses zurückzuprojiziren und stellen dort Punkte der gesuchten Profilschnitte dar.

Jeder neuen Drehlage der Schnecke entsprechen in einer und derselben Untersuchungsebene vollkommen gleichgestaltete Profilschnitte, die sich nur nach Mafsgabe der Drehgeschwindigkeit und der Schneckensteigung in achsialer Richtung fortlaufend gegen einander verschieben, also auf das Schneckenrad genau so einwirken, wie wenn der Antrieb des Rades in jeder Schnittebene durch eine Zahnstange erfolgte. Wegen der in allen Punkten gleich grofsen Steigung der Schnecke ist auch der Vorschub in allen Untersuchungsebenen der gleiche und damit das richtige, ungestörte Zusammenwirken der einzelnen Zahnstangen gesichert. Die Schnittprofile haben aber in jeder andern Ebene eine andere Form und liegen, wie Fig. 2 veranschaulicht, gegen einander von Ebene zu Ebene, nach Mafsgabe der Steigung, verschoben.

Ermittlung der Eingrifflinien und Radzahnprofile.

Die weitere Untersuchung erstreckt sich darauf, zunächst die Teilrisse des Getriebes zu ermitteln und dann nach der allgemeinen Verzahnungstheorie zu den vorstehend bereits bestimmten Zahnstangenprofilen der Schnecke die zugehörigen Eingrifflinien und Radzahnprofile zu konstruiren.

Die Teilrissflächen eines Zahngetriebes sind durch die Eigenschaft bestimmt, dass sie sich bei regelrechtem Getriebeeingriff aufeinander wälzen, ohne zu gleiten. Da nun die Vorschubgeschwindigkeit der Schnecke in allen Profilpunkten gleich grofs ist, unter sich gleich grofse Umfangsgeschwindigkeiten am Schneckenrade aber nur in Punkten auftreten, die von der Radachse gleichen Abstand haben, so muss:

1) die Teilrissfläche des Schneckenrades ein Cylinder sein, dessen Durchmesser D durch die Teilung und die Zähnezahl bestimmt ist mit $D = \frac{zt}{\pi}$.

2) die Teilrissfläche der Schnecke eine diesen Cylinder berührende Ebene parallel zur Schraubenachse bilden, deren Abstand r von der letzteren durch die Beziehung festgelegt wird:

$$r = \frac{it}{2\pi \operatorname{tg} \alpha},$$

worin i die Gangzahl, t die Teilung und α den Steigungswinkel der Schnecke im Teilriss bezeichnet.

In den einzelnen Untersuchungsebenen stellen sich die Teilrisse der Radschnitte demnach als Kreise von gleichem Halbmesser und die Teilrisse der Schneckenschnitte als Tangenten an diese Kreise parallel zur Schneckenachse dar.

Die gemeinsame Berührungslinie zwischen Radteilrisscylinder und Schneckenteilrissebene ist in den nachstehenden Figuren mit MN bezeichnet und der Schnittpunkt der einzelnen zu den Untersuchungsebenen 1—1, 2—2 usw. gehörigen Schneckenprofile mit MN, welche der Reihe nach durch diese Linie gehen, mit G.

Für die aufserhalb der Mittelebene 1—1 liegenden Schnecken- und Radschnitte sind die Kopf- und Fufshöhen der zugehörigen Verzahnung aus den betreffenden Abständen von MN in Fig. 1 zu entnehmen und in Fig. 3 bis 8 Bl. I auf der zum Schneckenteilriss senkrecht stehenden Richtung des Radkreishalbmessers vom Teilrisspunkt G sinngemäfs abzutragen.

Unter der Voraussetzung, dass die rechtsgängige Schnecke, Fig. 2, bei rechtsläufiger Drehung im Sinne des Pfeiles a den Arbeitswiderstand des Rades überwindet, ist die rechte Flanke des Schraubenganges A_2 belastet. Es kommen dann die in dieser Flanke liegenden Zahnstangenprofile der Schnecke aus den Untersuchungsebenen 1—1 bis 5—5 für die Ermittlung der Gegenprofile am Schneckenrade inbetracht. Im Hinblick hierauf sind die einzelnen Schnittkurven aus Fig. 2 zur Konstruktion der Gegenprofile der Reihe nach in die Figuren 3 bis 8 derart übertragen, dass unter Berücksichtigung der oben angegebenen Maſse für die Kopf- und Fuſshöhen die Profilschnitte der rechten Flanke des Schraubenganges A_2 durch den Teilrisspunkt G der Schnittebene gehen.

Dem Antrieb der Schnecke entsprechend sind die einzelnen Zahnstangenschnitte OP, Fig. 3 bis 8, im Sinne der Pfeile a_s von links nach rechts zu verschieben, um die zugehörigen Radschnitte, dem Uhrzeigerlauf entgegen, im Sinne der Pfeile a_r zu drehen.

Die Konstruktion der dem Rade angehörigen Gegenprofile ST zu den Schneckenzahnstangenprofilen OP stützt sich auf die beiden bekannten Lehrsätze, dass die gemeinschaftliche Berührungsnormale zweier regelrechter Zahnprofile jederzeit durch den Berührungspunkt der Teilrisse geht und dass die Umfangsgeschwindigkeiten der Teilrisse gleich groſs sind.

Hieraus folgt umgekehrt:

1) dass jede Profilnormale gemeinschaftliche Berührungsnormale wird und mit ihrem Fuſspunkt den zugehörigen Eingriffpunkt bestimmt, sobald sie mit ihrem Teilrisspunkt in den gemeinschaftlichen Berührungspunkt der Teilrisse fällt,

2) dass sich die einander entsprechenden Anfangslagen der im Eingriff zusammenfallenden Profilpunkte ergeben, wenn man die Teilrisse mit den zugehörigen Normalen aus der Deckungslage der Normalen beide sinngemäſs um die Länge des Wälzungsbogens zurückbewegt, der von dem Teilriss des gegebenen Profilpunktes bei der Bewegung desselben aus der Anfangslage bis zur Eingrifflage durchwandert wurde.

Zu beachten ist dabei bereits hier, dass Profilelemente, deren Lote den zugehörigen Teilkreis überhaupt nicht schneiden, auch kein Arbeitsgegenprofilelement liefern, weil dann die Lote im Laufe des Betriebseingriffes auch niemals eine Richtungslage einnehmen können, die durch den gemeinschaftlichen Berührungspunkt der Teilrisse geht.

Dies ist z. B. der Fall, wenn Profilelemente von Schneckenschnitten auſserhalb des Schneckenteilrisses zu diesem senkrecht gerichtet sind, weil die zugehörigen Lote den Teilriss erst im Unendlichen schneiden.

In Fig. 3 Bl. I ist das allgemeine, für sämtliche Schneckenschnitte anwendbare Konstruktionsverfahren zur Bestimmung der Gegenprofilpunkte für den Punkt O des Schneckenkopfes kenntlich gemacht[1]). Ein in O errichtetes Profillot schneidet den zugehörigen Schneckenteilriss T_s in p_s. Im Laufe des Getriebeeingriffes verschiebt sich die Normale $p_s O$ parallel mit sich selbst nach rechts, bis p_s in den gemeinschaftlichen Berührungspunkt G der Teilrisse fällt und gleichzeitig O auf seiner Vorschubbahn parallel zur Schneckenachse nach J gelangt. J bildet dann den Eingriffpunkt von O an dem noch unbekannten Gegenprofil, und GJ, die gemeinschaftliche Berührungsnormale, stellt also auch gleichzeitig die Normale des Gegenprofils für den mit O zum Eingriff gelangenden Punkt desselben dar. Um die O entsprechende Anfangslage des letzteren zu erhalten, ist der Radteilriss T_r mit der Profilnormalen GJ um den Wälzungsbogen $Gp_r = Gp_s$ im Sinne des Uhrzeigerlaufes zurückzudrehen, wobei die beiden Endpunkte der Radprofilnormalen konzentrische Bogen um den Radmittelpunkt beschreiben. Der Schnittpunkt eines mit $GJ = p_s O$ um p_r geschlagenen Kreises mit dem durch J geschlagenen Radkreise liefert die gesuchte Anfangslage f des O entsprechenden Gegenprofilpunktes. Die Gleichheit der Bogenlänge Gp_r mit der geraden Teilrissstrecke Gp_s ist, wie bei allen Zahnzeichnungen, dadurch zu bestimmen, dass man ein Teilmafs, welches in der Strecke Gp_s aufgeht, in gleicher Zahl auf dem Bogen Gp_r bis p_r abträgt und dieses Teilmafs genügend klein wählt, um den Fehler des mechanischen Verfahrens, der aus dem Unterschied zwischen Bogen- und Sehnenlänge für die Teileinheit entspringt, praktisch verschwindend klein zu machen.

Die Wiederholung der Konstruktion für weitere Punkte liefert punktweise die ganze Eingrifflinie HJ und das Gegenprofil ST zu OP.

Die Eingriffstrecke HJ wird im allgemeinen — abgesehen von den später zu erörternden Ausnahmen, welche für das vorliegende Schneckengetriebe nicht auftreten — durch die Kopfbahnen des Schnecken- und Radschnittes begrenzt, d. h. durch den Schnitt J einer durch den Schneckenkopf O zur Schneckenachse oder dem Schneckenteilriss gezogenen Parallelen und durch den Schnitt H eines durch den Radkopf T um den Radmittelpunkt geschlagenen Kreises. Die Abstände

---

[1]) Dass man für den Mittelschnitt das Gegenprofil zur geradlinigen Trapezflanke der Schnecke auch unmittelbar als Evolvente zum Grundkreis des Rades konstruiren kann, welcher die auf der Flanke senkrecht stehende gerade Eingrifflinie HJ berührt, ist aus der Zahnstangentheorie bekannt.

Go und Gt dieser Bahnen vom Teilrisspunkt G in den Figuren 3 bis 8 sind für jede einzelne Schnittfigur den entsprechenden Abständen o und t von der Teilrissberührungslinie MN in Fig. 1, S. 6, zu entnehmen.

Der mit dem Zahnkopfpunkt T in H zusammentreffende Punkt des Schneckenfufsprofils kann nach H nur auf seiner geradlinigen Verschiebungsbahn parallel zum Schneckenteilriss gelangen und ermittelt sich daher umgekehrt in dem Schnittpunkt v, Fig. 3, des Schneckenfufsprofils mit einer durch H gezogenen Parallele zur Schneckenachse. In gleicher Weise ist die Bestimmung auch für alle übrigen Schnitte vorzunehmen.

Nach der angenommenen Dreh- und Vorschubrichtung der Schnecke beginnt ihr Eingriff im Mittelschnitt, Fig. 3, im Punkte H zwischen den Profilpunkten v der Schnecke und T des Rades und pflanzt sich von da unter gleichzeitig gleitender und wälzender Bewegung der Zahnflanken in der Eingriffebene, zu der sich auch noch das Gleiten der Schneckendrehung gesellt, nach dem gemeinschaftlichen Berührungspunkt G der Teilrisse fort. Der Unterschied zwischen der gröfseren Kopflänge TG des Rades und der kürzeren Fufsstrecke vG der Schnecke misst den Weg der gleitenden Flankenreibung in der Radebene. Vom Teilrisspunkt G aus arbeitet dann der Schneckenkopf GO mit dem Radzahnfufs Gf ebenfalls unter teilweiser, durch den Unterschied der Flankenlängen bestimmter gleitender Reibung zusammen.

Die relative Gleitgeschwindigkeit der Flanken ist in der Eingriffebene nur im Teilrisspunkt G null, zu verschiedenen Seiten desselben verschieden grofs und wächst mit zunehmendem Abstande. Um diese Verhältnisse, die auf den Verschleifs von Einfluss sind, zur übersichtlichen Darstellung zu bringen, ist das Verfahren von Lasche benutzt[1]). Die Zahnflanke der Schnecke ist zu beiden Seiten des Teilrisspunktes G in eine Anzahl gleicher Strecken geteilt, die abwechselnd als schwarze und weifse Felder gekennzeichnet und der Reihe nach numerirt sind. Nach dem vorstehend angegebenen Verfahren zum Bestimmen der beim Eingriff zusammentreffenden Flankenpunkte ist zu jeder Flankenstrecke des Schneckenprofils die entsprechende des Radzahnes eingetragen. Gleiche Feldfarben und Nummern erleichtern den Ueberblick.

Man ersieht, dass im vorliegenden Falle das gröfste spezifische Gleiten zwischen dem Schneckenkopfpunkt und der

---

[1]) O. Lasche: Elektrischer Antrieb mittels Zahnradübertragung, Z. d. V. d. I. 1899 S. 1417 u. f.

Radfufsflanke auftritt, also zu der Zeit, wo die Schnecke den Radzahn verlässt; aber auch im Beginn des Eingriffs zwischen dem Schneckenprofilfufs und dem Radzahnkopf sind die Gleitverhältnisse nicht besonders günstig, und eine Erhöhung der Schnecken- und Radzahnköpfe würde die Gleitgeschwindigkeit noch steigern. Diese Erscheinung tritt in den Seitenschnitten der Schnecke, Fig. 4 bis 8 Bl. I, in erhöhtem Mafse auf, wenn die Radzahnkronen den Schneckenquerschnitt konzentrisch umspannen.

Die Kopfhöhe beträgt im vorliegenden Falle bei 7 mm Länge und der Teilung $t = 28{,}754$ mm nur $0{,}25\ t$. Ganz allgemein ist zu bemerken, dass es sich für Evolventenschnecken und -Räder mit konzentrischer Umspannung des Schneckenquerschnittes durch die Radzahnkronen empfiehlt, selbst bei 30 bis 40 Zähnen die Kopfhöhen im Mittelschnitt auf das hier gewählte Mafs $0{,}25\ t$ zu beschränken, statt das sonst meist übliche $0{,}3\ t$ zu wählen. Bei längeren Zähnen erreicht man denselben Zweck durch Brechen oder Abrunden der Kopfkanten und vermeidet dadurch aufserdem den scharfen meifselartigen Angriff der Kanten.

In Fig. 4 bis 8 sind die Eingrifflinien, Eingriffstrecken und Radzahnprofile zu den Arbeitsflanken des Schneckenganges A_2, Fig. 2, S. 6, für die Schnittebenen 2—2 bis 6—6 mit den zugehörigen spezifischen Gleitstrecken bestimmt. Die Art, wie für die hier abweichend vom Mittelschnitt auftretenden gekrümmten Schnittprofile die Konstruktion der Profilnormalen durchgeführt ist, soll später, S. 34 u. f., mit ihrem mathematischen Beweise entwickelt werden, um zunächst den Hauptgedanken der Untersuchungen ungestört weiter zu verfolgen.

Nach dem bisher eingeschlagenen Verfahren sind auch in Fig. 3 bis 8 die spielfrei eingreifenden Gegenprofile UV für die Schnittkurven QR des Schneckenganges A_1, Fig. 2, S. 6, mit den zugehörigen Eingrifflinien und spezifischen Gleitstrecken aufgezeichnet, welche in Thätigkeit treten, wenn der Schneckenantrieb entgegengesetzt wie vorher, im Sinne des Pfeiles b, Fig. 2, erfolgt, das Rad also durch den Vorschub der Zahnstangen-Schneckenprofile von rechts nach links, im Sinne der Pfeile b_s, Fig. 3 bis 8, wie der Zeiger der Uhr nach der Pfeilrichtung b_r gedreht wird. Der Sinn, in dem hierbei die zur Bestimmung der Eingrifflinien und der Radzahnprofile zu benutzenden Profillote der Schneckenschnitte zu verschieben sind, um sie in die Deckungslage mit dem Teilkreispunkt G zu bringen und dann zurückzudrehen, ergiebt sich ohne weiteres aus den Figuren.

Die so gewonnenen Radprofile $V U$ zu den Schneckenprofilen $R Q$ mit den zugehörigen Eingrifflinien $L G K$ liefern aber aufserdem gleichzeitig die Spiegelbilder der noch nicht ermittelten Eingriffverhältnisse in den Schnittebenen II—II bis VI—VI bei der bisher angenommenen rechtsläufigen Umdrehung der Schnecke.

Denkt man sich nämlich den Gewindequadranten A_1 in Fig. 2 von dem Kerncylinder abgelöst und mit seiner in der Zeichenebene liegenden Schnittfläche $a' b' c' d'$ so von hinten an die Schnittfläche $a'' b'' c'' d''$ des Quadranten A_2 angesetzt, dass die gleichnamigen Eckpunkte zusammenfallen, so bildet er die regelrechte Verlängerung des Gewindeganges A_2 nach rückwärts hinter die Zeichenebene. Die Schnittkurven II, III, usw. auf dem Gewindegang A_1 stellen in der um 180^0 gewendeten und parallel verschobenen Lage unmittelbar die Schnittkurven der Ebenen II, III usw. aus Fig. 1 dar, weil die Schnittprofilform nur von dem Abstand der Schnittflächen von der Mittelebene abhängt und diese Abstände von Haus aus für die Ebene 2—2 und II—II, 3—3 und III—III usw. symmetrisch zum Mittelschnitt 1—1 angenommen sind.

Hier, wie in allen späteren Schnittfiguren für die Arbeitsprofile von Schnecken, ist also zu beachten, dass von den beiden Profilpaaren, die in jeder einzelnen Schnittfigur dargestellt sind, die links gezeichneten stets den arabisch bezifferten Untersuchungsebenen, die rechts gezeichneten den römisch bezifferten auf der Rückseite der Schnecke hinter der Bildebene angehören.

Im Hinblick auf die Darstellung der Profile $O P$ und $S T$ in den Figuren 3 bis 8, die sämtlich in der Lage gezeichnet sind, in welcher sie oder ihre theoretischen Verlängerungen den gemeinschaftlichen Berührungspunkt G der Teilrisse in sich aufnehmen, wären der Uebereinstimmung halber auch die Profile $Q R$ parallel mit sich selbst bis zu diesem Punkt zu verschieben, gleichzeitig die zugehörigen Gegenprofile $U V$ durch Drehen um den Radmittelpunkt bis zur Berührungslage in G zu bringen und hierauf die beiden Profile auf die entgegengesetzte Seite der Senkrechten $o t$ in die Bildebene herumzuklappen. Dann nehmen sie die Lage ein, welche ihrer Zugehörigkeit zur Arbeitsflanke des nach rückwärts verlängerten Schraubenganges A_2 für die Zeitpunkte entspricht, in denen sie der Reihe nach gerade durch die gemeinschaftliche Berührungslinie der Teilrisse gehen. Bei diesem Verschieben und Umklappen fällt in Fig. 3 das Mittelschnittprofil $Q R$ mit $P O$

und UV mit TS zusammen, weil die Schnittebene I—I selbst sich mit 1—1 deckt. Die Doppelzeichnung der Profile in der Mittelebene, Fig. 3, ist also an sich überflüssig und ergiebt sich nur aus der vollständigen Durchführung des allgemeinen Verfahrens.

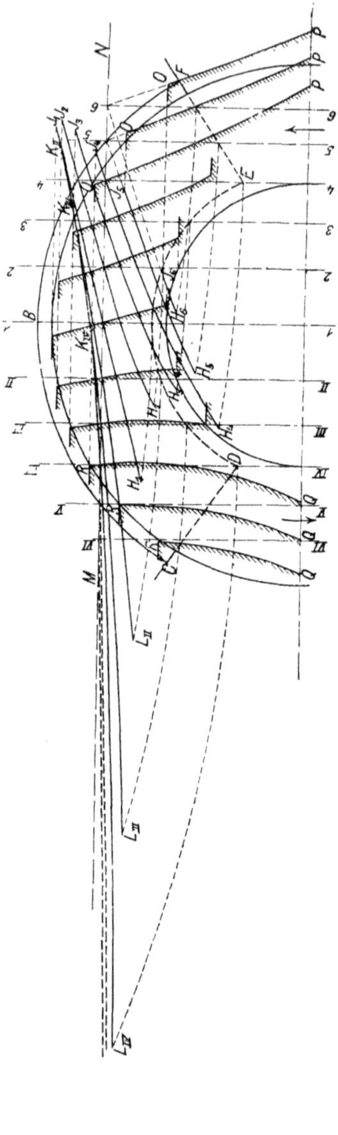

Fig. 9. 1 : 1

Mit den Zahnprofilen der römisch bezifferten Ebenen sind auch die zugehörigen Eingrifflinien LK auf die entgegengesetzte Seite um den Teilrisspunkt G herumzuklappen, ohne an der Verschiebung der Profile teilzunehmen, weil diese Linien nach dem Gange der Konstruktion für eine bestimmte Drehrichtung der Schnecke die stets durch G gehenden festliegenden Bahnen der wandernden Eingriffpunkte bilden und sich ihre Lagen nur beim Wechsel der Drehrichtung symmetrisch zur Zentrale des Getriebes umkehren.

Im Schneckenquerschnitt, Fig. 9, sind die Profilschnitte der Ebenen 1—1 bis 6—6 und II—II bis VI—VI für den inbetracht gezogenen einen Schneckengang sämtlich parallel mit sich in ihren Ebenen so weit verschoben gedacht, bis sie mit ihrem Teilrisspunkt G in die Bildebene fallen, und dann sämtlich mit ihren Eingrifflinien um die Spuren der Schnittebenen nach derselben Seite in die Papierebene herumgeklappt. Hier ist also die vorstehend unter Bezugnahme auf die Figuren 3 bis 8 beschriebene Verschiebung und Umklappung für die Ebenen II bis VI nachgeholt.

Diese Darstellung gewährt einen vergleichenden Ueberblick über die erheblich verschiedenen Profilformen in den auf einander folgenden Schnittebenen und über die verschiedene Gestalt, Lage und Länge der Eingrifflinien, welche durch die Kopfbahnen des Radzahnes und durch die Mantellinien der Schnecke in den einzelnen Ebenen derart begrenzt werden, dass in den arabisch bezifferten Schnitten die Punkte H, in den römisch bezifferten L den Beginn des Eingriffes und J, bezw. K den Abschluss desselben bezeichnen. Der Eingriff beginnt mit dem Eintritt der Radzahnköpfe in die Schnecke von dem Schneckenende, in welches die Radzähne hineinlaufen, und hört am andern Schneckenende auf, wo die Schneckenkopfpunkte die Radzahnflanken verlassen.

Die Eingriffstrecken weichen nach Form, Lage und Länge umsomehr von der in der Mittelebene 1—1 für Evolventenverzahnung auftretenden Geraden ab, je weiter die Untersuchungsebenen von der Mitte entfernt sind.

Ganz besonders ist das für die römisch bezifferten Ebenen, d. h. für diejenige Schneckenhälfte jenseits des Längsmittelschnittes der Fall, welche sich aus dem Rade herausdreht. Hier nehmen die Eingriffstrecken die gröfste Länge an und nähern sich in ihrem Verlauf mehr und mehr der Richtung des Schneckenteilrisses, eine Eigenschaft, deren Allgemeinheit später noch eingehender nachzuweisen ist. Hand in Hand mit der zunehmenden Entfernung der Endpunkte L der Eingriffstrecken und der gleichzeitigen Verminderung ihres Abstandes vom Schneckenteilriss wachsen die Längen der Radzahnprofilstrecken und verkürzen sich die Arbeitsflanken der Schneckenprofile, welche mit einander zum Eingriff gelangen, wie der Vergleich der Schnitte II—II bis IV—IV in Fig. 4 bis 6 erkennen lässt. Die damit verbundene rasche Steigerung des spezifischen Gleitens in den römisch bezifferten Ebenen wird durch die Figuren deutlich veranschaulicht.

Eingrifffeld der Schnecke.

Da Lage und Länge der Eingrifflinien während des fortschreitenden Getriebeeingriffes beim Drehen der Schnecke unverändert bleiben, bilden sie in ihrer Gesamtheit und stetigen Aufeinanderfolge eine bestimmt begrenzte Fläche, die man als

Eingriffläche der Schnecke bezeichnen kann, und deren Projektionen im Auf-, Grund- und Querriss, Fig. 10, 11 und 12 Bl. II, sich ohne weiteres aus den bereits vorhandenen Figuren 3 bis 9 entwickeln lassen. Insbesondere erhält man den Aufriss, Fig. 10, unmittelbar aus Fig. 9 S. 14, wenn man die dort im Querriss um die Schnittspuren der Ebenen getrennt umgeklappten Eingrifflinien parallel mit sich nach dem Mittelschnitt zusammenrückt, weil sich die gemeinschaftliche Berührungslinie *MN* der Teilrissflächen im Aufriss im Punkt *G* projizirt, durch den alle Eingrifflinien gehen. Ist Fig. 9 nicht entworfen, so genügen auch die einzelnen Schnittfiguren 3 bis 8, Bl. I, zur Darstellung der Projektionen der Eingriffflächen, die weiterhin als Eingrifffelder bezeichnet werden sollen.

Die Eingrifflinien sind in den Projektionen, Fig. 10 bis 12, mit denselben Buchstaben bezeichnet, wie in den einzelnen Schnittfiguren, und ihre Endpunkte mit Fufsindizes versehen, welche mit den Ziffern der Schnittebenen übereinstimmen.

Die Verlängerungen der Eingrifflinien, welche in den äufseren Schnittebenen 5 und 6 auftreten, wenn man das Schneckenrad nach dem Querschnitt Fig. 1 S. 6 cylindrisch statt konisch abdreht, sind ebenso wie die dadurch erhöhten zugehörigen Zahnköpfe in Fig. 7 und 8 punktirt gezeichnet, alle auf das kegelförmig begrenzte Zahnfeld bezüglichen Linien dagegen voll ausgezogen. Die Endpunkte der punktirten längeren Eingriffstrecken habe ich, wie beispielsweise $H_5'H_6'$, noch durch den Kopfindexstrich kenntlich gemacht, der an den Endpunkten der voll ausgezogenen Linien für das schräg begrenzte Zahnfeld fehlt. Die stetige Verbindung der Eingriffendpunkte liefert die Feldumgrenzung.

Kurven des gleichzeitigen Eingriffes.

Der geometrische Ort der bei einer bestimmten Drehlage der Schnecke gleichzeitig in Eingriff stehenden Punkte ihrer Arbeitsflanken bestimmt sich aus der Durchdringung der belasteten Profilflanken in den einzelnen Schnittebenen mit der Eingriffläche und erstreckt sich im allgemeinen über mehrere Gänge. Zur graphischen Konstruktion dieser Durchdringungskurve kann man zwei verschiedene Wege einschlagen

Unter der Annahme, dass bei der zu untersuchenden Drehlage der Eingriff des Längsmittelschnittes des mittleren Schraubenganges der Schnecke zur Zeit im gemeinschaftlichen Berührungspunkt *G* der Teilrisse stattfindet, sind in Fig. 10 Bl. II die übrigen Schnittprofile nach Mafsgabe ihrer Lage zum

Mittelschnitt aus Fig. 2 S. 6 übertragen, unter Berücksichtigung der Verschiebung und Wendung, welche mit den Schnittkurven des Schraubenganges A_1 vorgenommen werden muss, um diese Spiegelbilder der wirklichen Arbeitsprofile in ihrer wahren Lage auf der rückwärtigen Verlängerung des Schraubenganges A_2 darzustellen. Um die Figur nicht zu überfüllen, sind in Fig. 10 nur die übertragenen Lagen für die Schnitte 3—3 und III—III wiedergegeben. Die Schnittpunkte g_3 und g_{III} dieser Profile mit ihren zugehörigen Eingrifflinien und ebenso die übrigen in gleicher Weise bestimmten Punkte für die andern Ebenen liefern die gesuchten Berührungspunkte gleichzeitigen Eingriffes im Aufriss, aus dem dann sofort auch die Lage im Grund- und Querriss zu bestimmen ist[1]).

Das zweite Verfahren zur Bestimmung der Kurven gleichzeitigen Eingriffes stützt sich auf die Erwägung, dass die Verbindungslinie jedes beliebigen Eingriffpunktes mit dem gemeinschaftlichen Berührungspunkt der Teilrisse auf dem Arbeitsprofil senkrecht steht und dass der Antrieb des Rades so erfolgt, wie wenn die Schnecke, statt sich an Ort und Stelle zu drehen, nach Art einer Zahnstange einfach geradlinig ohne Drehung verschoben würde; dabei gelangt jeder Punkt des Schneckenteilrisses im Laufe der Zeit in den gemeinschaftlichen Berührungspunkt der Teilrisse, während zu gleicher Zeit der Fufspunkt des Lotes auf dem Profil zum Eingriff mit dem Gegenprofil kommt.

Errichtet man in dem mit den einzelnen Profilschnitten versehenen Aufriss, Fig. 13 Bl. II, beispielsweise im Punkte a des Mittelschnittes ein Lot, welches den Schneckenteilriss in g schneidet, so würde a den Eingriffpunkt des Mittelschnittes für den Zeitpunkt darstellen, in welchem g durch Verschieben der Schnecke in den gemeinschaftlichen Berührungspunkt der Teilrisse tritt.

Da die Profilnormalen aller übrigen gleichzeitig zum Eingriff gelangenden Punkte dann in ihrer Aufrifsprojektion sämtlich ebenfalls durch g gehen müssen, erhält man diese Punkte b, c, d usw. umgekehrt in den Fufspunkten der von g auf die einzelnen Profilschnitte gefällten Lote.

Die hier der gröfseren Deutlichkeit halber nur für den Schneckenquadranten A_1 vollständig durchgeführte Konstruk-

[1]) Im Querriss Fig. 12 Bl. II sind die Projektionen nicht eingetragen, weil hier die Projektionen der im Grundriss auf drei Schraubengänge verteilten Berührungskurven teilweise durch einander fallen und ein ziemlich unklares Bild geben.

tion liefert nach den früheren Darlegungen das Spiegelbild der wirklichen Arbeitsflanken und man hat sich wie früher, den Schraubenquadranten A_1 vom Kern abgelöst zu denken, nach links zu verschieben und um 180° zu wenden, um die Profilschnitte und Berührungskurven in wahrer Lage auf der rückwärtigen Verlängerung des vom Rade in der rechten Flanke belasteten Schneckenganges A_2 zu erhalten.

Die übrigen Punkte gleichzeitiger Berührung auf der Arbeitsflanke von A_2 findet man dadurch, dass man in dem a symmetrisch gegenüberliegenden Punkte a_2 des Mittelschnittes von A_2 ein Lot errichtet und von dem Schnittpunkt dieses Lotes auf dem Schneckenteilriss g_2 Lote auf die übrigen Profilschnitte von A_2 fällt.

Um den Verlauf des gleichzeitigen Eingriffes für die ganze Schneckenlänge darzustellen, sind weitere Schneckengänge rechts und links mit den in denselben Schnittebenen kongruenten Schnittkurven aufzuzeichnen und auch auf diese von g bezw. g_2 Lote zu fällen, soweit deren Fufspunkte noch im Bereich der Profile liegen.

Die Wiederholung der Konstruktion für andere Punkte g liefert die in Fig. 13 eingetragenen Flankenkurven gleichzeitiger Berührung für entsprechend andere Verschiebungs- oder Drehlagen der Schnecke.

Die Uebertragung der Kurven in den Grund- und Querriss erfolgt, ebenso wie im ersten Fall, nach den gewöhnlichen Projektionsregeln.

Das vorstehende zweite Verfahren führt schneller und einfacher zum Ziel als das erste, weil man dazu unmittelbar die Hauptfigur 2, S. 6, benutzen kann. Der Umstand, dass die technische Ausführung vielleicht etwas ungenauer ausfällt, weil man die Lote zur Zeit wenigstens nur mit Hülfe von Dreiecken bestimmen kann, von denen man das eine tangential an die Kurve, das andere senkrecht anlegt und so lange dreht und verschiebt, bis die Richtung durch g geht, ist für den vorliegenden Zweck belanglos, weil es sich in den Kurven nur um ein allgemeines Ueberblicksbild handelt. Am besten verwendet man übrigens für derartige mechanische Lotkonstruktionen durchsichtige Dreiecke[1]).

---

[1]) Die S. 34 u. f. angegebenen geometrischen Konstruktionen von Profilloten beziehen sich nur auf Lote, die in beliebigen Profilpunkten zu errichten sind, nicht auf solche, welche von einem beliebigen Punkt aufserhalb auf die Profile gefällt werden sollen.

Beachtenswert ist in den Schaubildern der Kurven gleichzeitiger Berührung, Fig. 13, dass sich die Kurven nach der äußeren Schneckenkante des Quadranten A_1, d. h. in Wirklichkeit auf der rückwärts hinter der Bildebene gelegenen Schneckenhälfte, die sich bei rechtsläufigem Antrieb aus dem Rade herausdreht, am dichtesten zusammendrängen, eine Folge der hier abnehmenden Eingrifftiefe der Schneckenköpfe und die Ursache des bereits betonten stärkeren spezifischen Gleitens an den Radzähnen in diesem Eingriffgebiet.

Im Grundriss Fig. 11 Bl. II ist die Ausführungslänge der in den vorangegangenen Figuren behandelten Schnecke dargestellt. Die Berührungskurven gleichzeitigen Eingriffes sind für alle in der angenommenen Drehlage eingreifenden Schraubengänge bestimmt und durch kurze seitliche Schraffirung gekennzeichnet. Die Zeichnung lässt erkennen, dass insbesondere dieser Grundriss einen klaren Ueberblick über die Ausdehnung und Verteilung des Eingrifffeldes gewährt und im allgemeinen für das praktische Bedürfnis zur Beurteilung der Verhältnisse vollkommen ausreicht.

Aus den Eingriffverhältnissen für eine bestimmte Drehlage der Schnecke in Fig. 11 kann man ferner mit Leichtigkeit die relative Lagenänderung der Schneckengänge im Feldgrundriss für andere Drehlagen verfolgen. Der Schneckenumdrehung im Betriebe entspricht bezüglich der Eingriffverhältnisse in der Figur die einfache Verschiebung der Schnecke in ihrer eigenen Richtung und zwar um den Betrag einer vollen Ganghöhe für eine ganze Umdrehung, während das Feld an Ort und Stelle bleibt.

Zur Prüfung der Verhältnisse für beliebige Zwischenlagen fertigt man eine Pause des Gewindes nach Fig. 11 an, verlängert die Pause, im Vergleich zur wirklichen Ausführung der Schnecke, um einen oder mehrere Gänge und schiebt diese Kopie in der Richtung der Schneckenachse über den ruhenden Feldgrundriss fort. Dann lassen die durchscheinenden Grenzlinien der ausgeführten Schnecke jederzeit erkennen, welcher Teil der verlängerten Pause bei den einzelnen Verschiebungs- oder Drehlagen im Bereich der wirklichen Ausführung liegt. Innerhalb dieser Grenzen geben die jeweiligen Lagen des gepausten Gewindes zum Feldgrundriss Aufschluss über den Wechsel des Eingriffes, der sich während einer Schneckenumdrehung an den Arbeitsflanken abspielt.

So lässt z. B. die Verschiebung des Gewindes nach rechts in Fig. 11 erkennen, dass im Laufe der weiteren Schneckendrehung zunächst der Eingriff des zweiten Gewindeganges rechts abnimmt und dann vorübergehend ganz aussetzt, weil die Feldgrenze $J_{I} K_{II} K_{III}$ in das Fleisch des Gewindes zurücktritt, also die Durchdringung der Arbeitsflanke hier bis zum Verschwinden abnimmt. Umgekehrt tritt dafür am entgegengesetzten Schneckenende der letzte Gewindegang links in den Bereich des Feldes ein, und hier nimmt die Berührungslänge der Arbeitsflanke demnächst zu, bis im Wechsel des Eingriffspieles die Verhältnisse sich wieder im entgegengesetzten Sinne ändern und für die doppelgängige Schnecke schon nach einer halben Umdrehung aufs neue der gezeichneten Drehlage entsprechen.

Da die Raumkurven gleichzeitigen Eingriffes nur ziemlich flach gekrümmt sind, kann man für Vergleichszwecke mit genügender Genauigkeit an die Stelle ihrer wirklichen Länge die mittleren Sehnen des Feldgrundrisses in den jeweiligen Arbeitsflanken setzen. Bestimmt man in dieser Weise aus Fig. 11 die wechselnden Berührungslängen des Schneckeneingriffes durch Addition der gleichzeitig arbeitenden Flankenstrecken in Intervallen von $^1/_{20}$ Schneckenumdrehung, indem man die Gewindepause aus der gezeichneten Schneckenlage um den entsprechenden Betrag der Steigung 57,128 : 20, d. h. immer um je 2,86 mm über den Feldgrundriss fortschiebt, so erhält man bei einer halben Umdrehung, während welcher sich die volle Periode des Eingriffspieles der doppelgängigen Schnecke abwickelt, folgende Werte in mm:

93 88 90 99 100 102 104 102 98 96

Die Berührungslängen des Flankeneingriffes liefern hiernach als Mittelwert rd. 95 mm und weisen nur geringe Schwankungen aufwärts bis 104 mm, abwärts bis 88 mm auf. In denselben Verhältnisgrenzen bewegen sich die spezifischen Pressungen. Die Berührung findet im vorliegenden Fall für die ausgeführte Schneckenlänge dauernd in drei Gängen statt und erstreckt sich nur ganz vorübergehend während eines Intervalls noch auf den vierten Gang.

Im allgemeinen erfolgt der Ausgleich der Schwankungen um so vollkommener, je mehr man das erreichbare Eingriffeld durch reichliche Schneckenlänge ganz ausnutzt. Schnecken mit kurzer Ausführungslänge oder sonst künstlich beschränkten Eingrifffeldern sind mit gröfseren Schwankungen in der Länge des Gesamteingriffes und des spezifischen Druckes zwischen den Flanken behaftet.

Zum Aufzeichnen des Schneckenfeldgrundrisses genügen die Schnittfiguren 3 bis 8 Bl. I unter Verzicht auf die darin entwickelten Radzahnschnitte, weil die Eingrifflinien bereits durch die Schneckenschnitte vollständig bestimmt sind und sich die Kopfbahnen der Schneckenschnitte und der Radzähne, welche die Eingrifflinien begrenzen, aus Fig. 1 S. 6 entnehmen lassen, ohne die Radzähne vollständig zu zeichnen. Man hat auch hier nur wieder zu beachten, dass die Eingriffstrecken der römisch bezifferten Schnitte um 180^0 zu wenden sind, um sie in wahrer Lage darzustellen. Die im Grundriss, Fig. 11 Bl. II, senkrecht zur Schneckenachse gerichtete gemeinschaftliche Berührungslinie MN der Teilrisse enthält die Punkte G und bildet die Mittelachse, von der aus die Projektionsabstände der Eingrifflinien-Endpunkte sinngemäfs aus den Fig. 3 bis 8 Bl. I nach rechts und links abzutragen sind.

Ein abgekürztes Verfahren zum Aufzeichnen des Schneckenfeldes ist weiter unten, S. 52, im Anschluss an den Abschnitt über die geometrische Konstruktion der Profillote angegeben.

Die Eingriffdauer ist abhängig von der Länge der Eingriffstrecken, diese aber wieder von der Steigung der Eingrifflinien gegen die Teilrissebene der Schnecke. Je steiler die Flanken der einzelnen Schneckenschnitte gerichtet sind, umsomehr nähern sich ihre Eingrifflinien dem wagerechten Schneckenteilriss, und um so länger werden, bei sonst gleichem Durchmesser der Radkopfkreise und gleicher Kopfhöhe der Schneckenprofile, die Eingriffstrecken.

Vergleicht man z. B. die Schnitte 3—3 und III—III, Fig. 5 Bl. I, so erhält man für die Grundrissprojektion der zum Profil OP gehörigen Eingriffstrecke die Länge $Hh + oJ$, die sich in Fig. 11 Bl. II in der Strecke $H_3 J_3$ darstellt, für das steilere Profil QR dagegen in der symmetrisch zum Längsmittelschnitt liegenden Ebene III—III $Ll + oK$, oder die hiernach in Fig. 11 eingetragene Strecke $L_{III} K_{III}$, welche wesentlich länger als $H_3 J_3$ ist.

Gleichzeitig lassen aber die Figuren auch erkennen, dass mit der Zunahme der Eingrifflänge die Eingrifftiefe der Schnecke in der bezüglichen Schnittebene abnimmt und beispielsweise für den eben betrachteten Schnitt III—III, Fig. 5 Bl. I und 12 Bl. II, nur $= ol$, für den Schnitt 3—3 dagegen oh, also gröfser ist.

Der Vorteil der längeren Eingriffdauer in den römisch bezifferten Schnittebenen wird mit dem Nachteil gröfseren spezifischen Gleitens erkauft, wobei allerdings nicht übersehen werden darf, dass mit den flacher verlaufenden Eingrifflinien auch der Hebelarm des Raddrehmomentes gröfser, also der Zahndruck kleiner wird. Die auf Verschleifs verwendete

Reibungsarbeit lässt sich deshalb nicht ausschliefslich nach der Zunahme des spezifischen Gleitens beurteilen.

So lange in den am meisten gepressten Stellen der arabisch bezifferten Schnittebenen die spezifische Pressung das Schmieröl nicht zwischen den Verzahnungsflanken herausdrückt, ist ein nennenswerter Verschleifs nicht zu befürchten, und die günstigeren Schmiegungsverhältnisse in diesen Profilschnitten im Vergleich zu denen der römisch bezifferten Ebenen begünstigen im eingelaufenen Zustande die Aufnahme einer gröfseren Belastung durch gröfsere Flächenzonen, wirken also hier mittelbar günstig auf die Beschränkung des spezifischen Druckes.

Ausführungslänge der Schnecken.

Die ungleichmäfsige Verteilung des Eingrifffeldes der Schnecke zu beiden Seiten der Teilrissberührung *MN*, Fig. 11 Bl. II, kommt für die Ausführungslänge der Schnecke inbetracht.

Die gröfsere Länge des Eingrifffeldes liegt immer in dem Schneckenende, in welches die Radzähne hineinlaufen, und inbezug auf den Längsmittelschnitt in der Schneckenhälfte, die sich an den Radzahnflanken entlang aus dem Rade herausdreht.

Für linksgängige Schnecken tritt bei gleicher Drehrichtung im Sinne des Pfeiles *a*, Fig. 11, an die Stelle des gezeichneten Eingrifffeldes sein Spiegelbild inbezug auf die Gerade *MN*. Arbeitet die rechtsgängige Schnecke, wie bei Aufzügen, abwechselnd rechts und linksläufig mit gleichzeitigem Wechsel der Arbeitsflanken, so kehrt sich mit der Drehrichtung auch das Eingrifffeld der Schnecke inbezug auf *MN* und in seiner Lage zur Längsmittelachse um.

Derartige Schnecken verlangen also nach beiden Seiten, rechts und links von *MN*, gleiche Längen, während sonst eine unsymmetrische Verteilung der Längenabmessung inbezug auf *MN* statthaft ist, aber wegen der geringen Platz- und Arbeitersparnis wohl nur in seltenen Fällen ausgeführt wird.

Die unsymmetrische Form des Eingrifffeldes ist in der Hauptsache eine Folge der Schneckensteigung. Bei der Steigung null, d. h. bei einer einfachen ringförmigen Zahnstange, verschwindet die unsymmetrische Gestalt zu beiden Seiten der Längsmittelachse vollständig. Man gelangt daher umgekehrt zu dem Schluss, dass die Unsymmetrie mit wachsender Steigung zunimmt. Gleichzeitig können aber auch hiermit, wie spätere Untersuchungen zeigen werden, der Eingriff und die Eingriffdauer in der römisch bezifferten Schneckenhälfte, die sich aus dem Rade herausdreht, wesentliche Beschränkungen erleiden und das allgemeine Bild des Eingrifffeldes in sehr verschiedener Weise, unter Umständen auch im Sinne einer Beschränkung der Unsymmetrie, beeinflusst werden. Die schon mehrfach betonte Untersuchung von Fall zu Fall ist unerlässlich, weil sich mit Sicherheit nur einzelne allgemein gültige Schlüsse ziehen lassen.

Stribeck hat schon darauf hingewiesen, dass die meisten ausgeführten Schnecken kürzer sind als ihr theoretisches Eingrifffeld. Dies trifft auch im vorliegenden Fall zu, wie Fig. 11 zeigt. Die Frage aber, ob es praktisch ein wirklicher Gewinn ist, das ganze Eingrifffeld voll auszunutzen und die Schneckenlängen zu dem Zweck mindestens so lang auszuführen wie dieses, ist nur für ziemlich symmetrische Felder im allgemeinen zu bejahen, für stark unsymmetrische dagegen unbedingt zu verneinen. Auch bei ziemlich symmetrischen Feldern ist die Ausnutzung der gegabelten Feldzipfel durch entsprechend grofse Schneckenlänge nicht von unbestrittenem Werte, weil die Berührungslänge in diesen Feldgebieten meist nur kurz ist, der Eingriff selbst aber hier unter stärkerem spezifischen Gleiten erfolgt und die Montirungsschwierigkeiten mit der Schneckenlänge wachsen.

Eine Verlängerung der Schnecke, Fig. 11, nach links, und bei wechselnder Drehrichtung dementsprechend auch nach rechts, symmetrisch zur Teilrissberührung MN, um noch den langgestreckten Zipfel des Feldes, welchen die Schnittebenen III — III und IV — IV liefern, mit in den Bereich des Arbeiteingriffes zu ziehen, würde zwar im vorliegenden Fall die Belastung noch auf einen vierten Schraubengang übertragen, diesen aber doch nur in einer verhältnismäfsig sehr kurzen Berührungslinie treffen, und zwar unter den ungünstigsten Verhältnissen des spezifischen Gleitens, das in dieser Gegend nach der zugehörigen Fig. 6 Bl. I zwischen den Feldern 7 der Flanken UV und QR auftritt. Die in der Ausführung vorgenommene Kürzung der Schnecke setzt den Eingriff dieser Flankenstrecken und damit die gröfsten Werte der Flankengleitung in einfachster Weise aufser Wirkung. Dazu kommt noch ferner, wie schon oben angedeutet, dass mit der Länge der Schnecke der störende Einfluss falscher Profileingriffe durch geringfügigste Abweichung von der rechtwinkligen Achsenschränkung des Rades und der Schnecke wächst und dann starkes Fressen in den ohnehin schon mit der stärksten Gleitung behafteten äufsersten Schneckengängen unausbleiblich ist.

Wahrnehmungen aus der Praxis, dass gerade mit sehr reichlich langen Schnecken häufig sehr schlechte Erfahrungen gemacht werden, erklären sich aus den vorstehenden Ursachen und lassen eine Beschränkung auf Längen wie die vorliegende, wo nur der äufserste einseitige Zipfel des Eingrifffeldes in den römisch bezifferten Ebenen aufser Wirkung gesetzt, das Feld auf der vorderen Schneckenhälfte und im mittleren Teil bis zum Scheitel der Begrenzung aber voll ausgenutzt ist, durchaus gerechtfertigt erscheinen.

Anderseits darf bei gekürzten Schnecken nicht übersehen werden, dass jeweils im Laufe einer Umdrehung die scharfe Endzunge der Schnecke, Fig. 11, in das Eingrifffeld eintritt, für die Dauer des Eingriffes also belastet wird und sowohl durch die ungenügende Widerstandsfähigkeit ihrer anfänglich schwachen Querschnitte, wie durch die messerförmige Spitze nicht nur selbst Beschädigungen erleiden, sondern auch durch teilweises Ausbrechen und Fressen am Rade solche erzeugen kann.

Derartige Zungen dürfen also nicht scharf und spitz auslaufen, sondern müssen kräftig abgerundet werden. Zu dem Zweck lässt man die Zunge meist von aufsen nach dem Schraubenkern zu sichelförmig verlaufen.

Dass sich im übrigen die erforderliche Ausführungslänge der Schnecke nicht etwa, wie es vor den Stribeckschen Veröffentlichungen allgemein üblich war und auch jetzt noch vielfach geschieht, nur nach den Eingriffverhältnissen des Mittelschnittes beurteilen lässt, zeigt Fig. 11 deutlich, weil man dabei zu wesentlichen Unterschätzungen der günstig nutzbaren Eingrifflänge gelangen kann.

Das Entwerfen des Feldgrundrisses der Schnekken ist für sorgfältige Ausführungen unerlässlich.

Umspannung des Schneckenquerschnittes durch den Radkranz.

Gewöhnlich umspannt man den Schneckenquerschnitt durch den konzentrisch ausgekehlten Radkranz soweit, dass die Sehne des inneren Umspannungsbogens annähernd die Gröfse des Kerndurchmessers erreicht, und dreht die Aufsenränder des Kranzes nach einem doppelseitigen Kegel ab; vergl. Fig. 1 S. 6 und 14 S. 26. Stribeck empfiehlt bei Wahl reichlicher

Umspannung auch noch die Kegelfasung durch cylindrisch abgedrehte Aufsenzonen zu ersetzen.

Die Vergröfserung des Schnecken- und Zahnfeldes, Fig. 1, bei cylindrischer Mantelform des Rades, im Vergleich zu der mit kegelförmig abgedrehten Seitenrändern, kommt in den dreieckigen Endzipfeln des punktirt verlängerten Eingrifffeldes der Schnecke, Fig. 11 u. 12 Bl. II, zum Ausdruck. Die Figuren lassen erkennen, dass die Feldgröfse hierdurch nur sehr wenig zunimmt. Der geringfügige Vorteil wird noch dadurch weiter beschränkt, dass beispielsweise der Feldzuwachs $H_4 H_5' H_6' H_6 H_5$ während jedes Schneckenumganges praktisch nur zeitweise zur Geltung kommt, nämlich nur so lange, wie die seitlich weiterwandernden Arbeitsflanken des Gewindes in den Bereich dieses zusätzlichen Feldzipfels fallen. Solange dieser Teil des Feldes, wie in der gezeichneten Drehlage der Schnecke, in der Lücke zwischen zwei Gewindegängen liegt und nicht mehr in die links benachbarte Arbeitsflanke eindringt, setzt auch der Eingriff an dieser Stelle aus.

Ich kann daher der Feldvergröfserung durch die cylindrisch abgedrehten Aufsenzonen des Schneckenrades im allgemeinen keinen ziffernmäfsig messbaren Einfluss auf die Zulässigkeit einer höheren Gesamtbelastung des Getriebes bei Wahl dieser Radform einräumen, wiewohl der Vorteil auch kleiner Feldvergröfserung bei sehr knappen Feldgröfsen Beachtung verdient[1]).

Im übrigen hat das Bestreben, das Zahnfeld des Rades und damit auch das Eingrifffeld der Schnecke dadurch zu vergröfsern, dass man die Endpunkte DE, Fig. 1 S. 6, möglichst tief legt, d. h. den Schneckenquerschnitt durch den Radkranz möglichst weit zu umspannen sucht, in allen Fällen volle Berechtigung, in denen es sich darum handelt, den spezifischen Flankendruck herabzusetzen, ohne zu dem anderen Aushülfsmittel zu greifen, Raddurchmesser und Zähnezahl zu vergröfsern.

Eine Grenze wird diesem Vorgehen dadurch gesetzt, dass die Radzahnquerschnitte in den durch die Eckpunkte DE gelegten Ebenen, Fig. 6 Bl. I, unter allen übrigen Profilformen die spitzeste Gestalt annehmen, und dass das Auftreten einer vollständigen Spitze unter allen Umständen vermieden werden muss, um einen meifselförmigen Angriff des Zahnes fern zu halten und dem Zahnkopf noch genügende Querschnitte zur widerstandsfähigen Aufnahme der Belastung zu lassen.

---

[1]) Vergl. Z. d. V. d. I. 1897 S. 940 rechte Spalte, Erläuterung zu Gleichung 2 und 2a.

Stribeck hat als Anhaltswert für den Zentriwinkel 2β des Radzahnquerschnittes, Fig. 14, bei Evolventenverzahnung mit $0{,}3\,t$ Kopfhöhe im Mittelschnitt die Beziehung aufgestellt:

$$\operatorname{tg}\beta = \frac{a}{\frac{r}{t} + 0{,}6},$$

worin r den Teilrissabstand von der Schneckenachse, t die Teilung und a einen von der Anzahl z der Radzähne abhängigen Wert bezeichnet, mit der Maſsgabe, dass für

$z =$ 28	36	45	56	62	68	76	84
$a =$ 1,9	2,1	2,3	2,5	2,6	2,7	2,8	2,9

gesetzt werden kann.

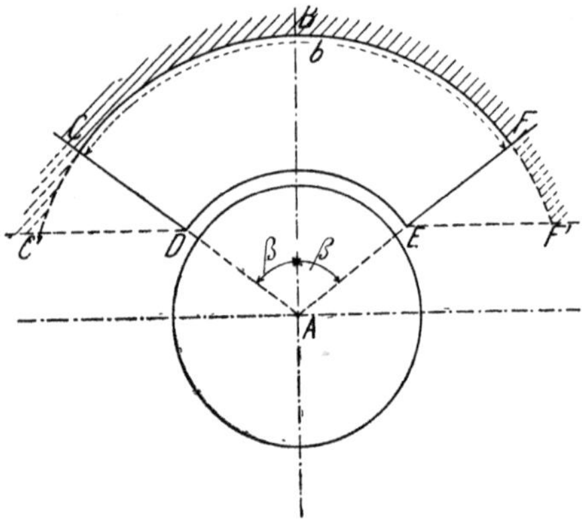

Fig. 14.

Die Zulässigkeit, β über diese Grenze zu vergröſsern, oder die Notwendigkeit, sich mit einem kleineren Wert zu begnügen, ergiebt sich in jedem einzelnen Fall aus der Aufzeichnung des Radzahnschnittes in den durch E oder D gelegten Untersuchungsebenen, weil für die weiter nach auſsen liegenden Schnitte, Fig. 7 und 8 Bl. I, die Zahndicke wieder zu nimmt und dies auch noch dann eintritt, wenn man die Zahnköpfe durch die cylindrische Mantelform des Rades auf die punktirt gezeichneten Verlängerungen erhöht. Auch die spezifischen Gleitverhältnisse sind in den Schnitten 3—3, 4—4 usw., Fig. 5 bis 8, bei reichlicher Gröſse von β noch ziemlich günstig und werden durch die möglichst weit getriebene Vergröfserung von β nur wenig beeinflusst[1]).

Anders freilich gestalten sich die Verhältnisse in den römisch bezifferten Schnittebenen, wo gröfsere Kopflängen der Verzahnung durch Wahl gröfserer Werte von β das hier ohnehin schon vorhandene starke spezifische Gleiten steigern. Aber hier bildet das bereits besprochene Mittel, die Ausführungslänge der Schnecke, unter Wahrung des vorzugsweise für die Druckverteilung inbetracht kommenden Teiles des Feldgrundrisses, Fig. 11 Bl. II, zu kürzen, die einfache Abhülfe, den besonders störenden Eingriff der Radzahnköpfe zu beschränken, ohne das günstige Eingrifffeld der arabisch bezifferten Schnitte zu schmälern.

Hiernach ist als Regel zu beachten, dass man bei stark belasteten Schneckengetrieben den Zentriwinkel 2β des Radzahnquerschnittes so reichlich wie möglich wählt, d. h. sich nur durch die Rücksicht leiten lässt, zu spitze Zahnformen in den kritischen Schnitten, welche durch die Punkte D oder E gehen, zu vermeiden und anderseits den mittelbaren Einfluss der Zahnfeldgröfse auf die Zunahme des specifischen Gleitens durch Kürzung der Schnecke einschränkt.

Bei kegelförmig abgedrehten Radkränzen pflegt man die Kegelfasung nach dem Schneckenmittelpunkt zu richten. Beliebig andere Kegelneigungen sind aber ebenso zulässig wie schliefslich auch die cylindrische Mantelform. So ist beispielweise auch im vorliegenden Fall, Fig. 1, S. 6, von der sonst üblichen Regel abgewichen und die Abschrägung steiler gewählt.

Noch vollkommener als durch einfaches Kürzen der Schnecken wird das starke spezifische Gleiten des Zahneingriffes in den Seitenschnitten dadurch beseitigt, dass man die Schneckenräder, wie in Fig. 26 Bl. V und 53 Bl. XII, bis auf den Halbmesser ihres Mittelschnittes cylindrisch abdreht, weil man dadurch auch die Radzahnköpfe in den Seitenschnitten auf das gleiche Mafs verkürzt und diejenigen Flankenstrecken fortschneidet, in denen sonst das spezifische Gleiten seine gröfsten Werte erreicht. Man vermindert durch dieses Verfahren indessen nicht nur die Länge des Schneckenfeldes im

[1]) Im vorliegenden Fall ist bei allerdings nur 0,25 t Kopfhöhe der Verzahnung im Mittelschnitt der Winkel β noch gröfser gewählt, als ihn Stribeck annimmt.

Grundriss und seine Gröfse im Querriss, sondern vor allem auch die Tiefe des wirksamen Zahnfeldes.

Das cylindrische Abdrehen des Schneckenrades bis auf den Halbmesser des Mittelschnittes bietet das wirksamste Mittel, nur die günstigsten Teile des Zahneingriffes in Schneckengetrieben auszunutzen, aber die damit verbundene Beschränkung des Schnecken- und Zahnfeldes erhöht den spezifischen Druck und setzt, um diesen in den zulässigen Grenzen zu halten, verhältnismäfsig gröfsere Schneckenräder mit reichlicher Zähnezahl voraus.

Das früher S. 19 u. f. angegebene Verfahren zur Bestimmung der mittleren Eingrifflänge bietet dann ein wertvolles Hülfsmittel, beim Entwerfen von Getrieben die Berührungslänge gleichzeitigen Eingriffes für den Umspannungswinkel 2β nach den Stribeckschen Werten und für die cylindrische Radform mit dem Halbmesser des Mittelschnittes festzustellen, um hieraus zu beurteilen, auf welche Zunahme des spezifischen Druckes zu rechnen ist, wenn die cylindrische Radform mit dem kleinsten Halbmesser statt der sonst üblichen Ausführung gewählt wird.

Die günstigeren Verhältnisse des Zahneingriffes lassen bei dem verminderten spezifischen Gleiten eher etwas höhere spezifische Flankendrücke oder Umdrehungszahlen zu, als bei der Stribeckschen Ausführung mit langen Zahnköpfen in den Seitenschnitten und starkem Gleiten, weil mit der Beschränkung der Reibungsarbeit die Gefahr des Fressens und Warmlaufens abnimmt. Die geringere Frästiefe des Radkranzes erleichtert aufserdem das Schneiden der Räder, sowie das Einlaufen, und auch dieser Umstand fällt für die Praxis ins Gewicht.

Für Schnecken mit Evolventenprofil und der üblichen Flankenneigung von 75^0 ist bei $0{,}3\,t$ Kopfhöhe im Mittelschnitt die kleinste zulässige Radzähnezahl 28. Kleinere Zähnezahlen erfordern flachere Neigung der Schneckenflanken oder geringere Kopfhöhen als $0{,}3\,t$. Da flachere Flankenneigungen spitzere Zähne liefern, kommt praktisch im allgemeinen nur das Hülfsmittel inbetracht, die Kopfhöhe zu vermindern, und es wurde bereits S. 12 hervorgehoben, dass es sich empfiehlt, diese schon bei Rädern mit 30 bis 40 Zähnen auf $0{,}25\,t$ zu beschränken, wenn man im übrigen den Umspannungswinkel β möglichst grofs wählen will.

Bei kleinerer Zähnezahl muss man noch weiter gehen.

Eingrifffeld der Radzähne.

Die mit den Schneckenflanken zusammenarbeitende Profilstrecke der Radzähne erstreckt sich in jeder Schnittebene, Fig. 3 bis 8 B. I, von den Kopfeckpunkten *T* oder *U* bis zum Schnittpunkt der Profile mit dem konzentrisch zum Radmittelpunkt durch die Endpunkte *J* bezw. *K* der Eingrifflinien geschlagenen Kreise.

Die Kopfkreise schneiden die radial durch das Rad und die Teilrissberührung *MN* gelegte Ebene, deren Spur in der Bildebene der Figuren 3 bis 8 senkrecht zum Schneckenteilriss steht und den Punkt *G* enthält, in den Punkten *t*. Die durch *J* und *K* geführten konzentrischen Bahnen des tiefsten Eingriffes am Zahnfufs durchdringen dieselbe Ebene in den Punkten *i* und *k*. Hiernach stellen die Strecken *ti* die Ausdehnung des Radflankeneingriffes in radialer Richtung für die Schnittebenen 1—1 bis 6—6 dar, und die Strecken *tk* liefern die entsprechenden Werte für die Schnittebenen II—II bis IV—IV.

In Fig. 1, S. 6, sind diese Strecken für die einzelnen Schnittebenen unter Berücksichtigung der Abstände ihrer Endpunkte von dem Teilrisspunkt *G*, also von der Berührungslinie *MN* der Teilrisse, abgetragen und ihre Endpunkte durch einen stetigen Linienzug verbunden. Die vollschraffirte Fläche veranschaulicht dann das Eingrifffeld der Radzahnflanken bei schräger Zahnbegrenzung, während die punktirt schraffirten äufseren Flächenteile die Vergröfserung bei Wahl der cylindrischen Mantelform des Rades darstellen. Der unsymmetrischen Form der Schneckenfelder bei steilgängigen Getrieben entspricht eine ähnliche Unsymmetrie des Zahnfeldes.

In eingelaufenen Getrieben kennzeichnet sich das Zahnfeld durch mehr oder minder scharf ausgeprägte Umrisse, die sich vor allem an der Feldgrenze zwischen den römisch bezifferten Schnittebenen, wo sich die Schnecke aus dem Zahnkranz in der Flankenrichtung herausdreht, und wo mit der längsten Eingriffdauer das stärkste spezifische Gleiten verbunden ist, bei steilgängigen Schnecken deutlich auszubilden pflegen.

Beachtenswert ist, dass das Feld an dieser Grenze meist eine sehr vollkommene Flächenpolitur zeigt, wohl eine Folge des hier besonders stark nach zwei verschiedenen Richtungen auftretenden doppelten Schleifvorganges durch das Gleiten der Flanken in den Drehbahnen der Schnecke und in den Radschnitten nach der Flankenrichtung.

Dass anderseits beim Einlaufen der Getriebe Risse und Anfressungen zuerst meist in der Gegend der mittleren Längsschnitte der Schnecke auftreten, erklärt sich meiner Ansicht nach dadurch, dass, so lange die Oberflächen der Radflanken mit den Unebenheiten der Schnittspuren der stufenförmig auf einander folgenden einzelnen Fräszähne behaftet sind, die erst beim Einlaufen abgerieben und fortgequetscht werden, die abgelösten Materialteilchen gerade in der mittleren Feldstrecke am ehesten in die Verzahnungsflanken hineingewalzt werden und, so festgehalten, auf ihrer Rotationsbahn weitere Zerstörungen anrichten. Für diese Anschauung spricht, dass in dem Bereich der arabisch bezifferten Schnittebenen bis etwas über den Längsmittelschnitt hinaus der Zahndruck infolge der steileren Eingrifflinien am gröſsten und der Flankeneingriff in diesen Ebenen vorwiegend ein wälzender ist. Aus dieser Erwägung folgt auch, dass die Gefahr des Anfressens bei gusseisernen Getrieben am gröſsten ist, weil deren körnige Beschaffenheit, mit zahllos eingebetteten feinen Poren, sowohl das Abbröckeln kleiner Materialteilchen, wie ihr Einwalzen an fremder Stelle besonders begünstigt. Gleichzeitig erklärt sich aber auch aus denselben Gründen der höchst nachteilige Einfluss von Schmirgel oder feinem Glaspulver, die von einzelnen verwendet werden, in der irrigen Annahme, hierdurch das richtige Einlaufen der Getriebeflanken zu beschleunigen und vollkommener zu gestalten. Was von den abgerissenen Teilchen des eigenen Getriebemateriales gesagt ist, gilt erst recht für die harten scharfkantigen Körnchen dieser Schleifmittel, die erfahrungsmäſsig lange in den Materialporen hängen bleiben und nicht nur die Grundform der Verzahnung von vornherein fehlerhaft gestalten, sondern auch geraume Zeit nachher noch einen zerstörenden Einfluss ausüben. Hier trügt der Schein. Die Flächen werden zwar rasch blank gescheuert, aber nicht einander nach den Eingriffprofilen angepasst; denn die Schleifmittel äuſsern ihre Wirkung vorzugsweise in den Umdrehungsbahnen der Schneckenprofilpunkte.

Das Einlaufen darf nur durch die Flächenreibung selbst, mit mehrtägigem Zeitaufwand, bei ganz allmählich gesteigerter Belastung vermittelt werden, um gröbere Profilzerstörungen zu verhüten und die spätere Arbeitsbelastung erst eintreten zu lassen, nachdem sich die Flanken geglättet und durch die stufenweise erhöhte Belastung mechanisch verdichtet, d. h. gehärtet haben. In der Einlaufzeit ist für wiederholte gründliche Reinigung des Getriebes und der Schneckenlager, sowie für Erneuerung der Schmierflüssigkeit zu sorgen, um das Ansammeln der Verschleifsteile zu vermeiden, die sonst als Schmirgel wirken.

Unmittelbare Verbindungen zwischen dem Oeltrog der Schnecke und den Schneckenlagern sind möglichst zu vermeiden, damit die Verschleifsprodukte des Getriebes nicht in die Lager eindringen. Diese sollten vielmehr stets mit selbständiger Schmierung versehen werden, und das gilt ganz besonders von den sehr empfindlichen Kugellagern.

Vergleich der Eingriffverhältnisse eines Wurmgetriebes mit eingängiger Evolventenschnecke und cylindrisch abgedrehtem Radkranz bei kleinster und gröfster Umspannung des Schneckenquerschnittes.

Fig. 15 u. 16 Bl. III stellen den Quer- und Aufriss einer eingängigen Evolventenschnecke von 75 mm Kern- und 119 mm äufserem Durchmesser mit der Teilung $t = 10\pi$ und dem Teilrissabstand $r = 50$ mm dar, welche mit einem 60 zähnigen Rade von 600 mm Teilrissdurchmesser zusammenarbeitet. Die Zahnkopf- und Fufshöhen entsprechen rd. 0,3 t und 0,4 t. Die Steigung im Teilriss beträgt $5^0 42' 38''$.

Die voll ausgezogene Radzahnbegrenzung bezieht sich auf eine der Praxis entnommene Ausführung mit dem Radius des Mittelschnittes als Halbmesser für den cylindrisch abgedrehten Radkranz von 619 mm äufserem Durchmesser. Die gestrichelte Umgrenzung gilt für den gröfseren Durchmesser 645 mm, der sich aus den Stribeckschen Angaben bestimmt, wenn man bei ebenfalls cylindrischer Mantelform des Rades das Zahnfeld möglichst weit steigert und zu dem Zweck den Umspannungswinkel 2β nach der Beziehung S. 26

$$\operatorname{tg}\beta = \frac{a}{\frac{r}{t} + 0{,}6} = \frac{2{,}6}{\frac{50}{10\pi} + 0{,}6} = 1{,}18$$

wählt.

Die Beschränkung des Kurvencylinders der Radzähne auf den Durchmesser des Mittelschnittes entspricht dem Grenzfall $\beta = 0$.

In Fig. 17 bis 24 Bl. IV sind die einzelnen Zahnstangenschnitte der Schnecke mit den Eingrifflinien und den hieraus ermittelten Radzahnprofilen entworfen. Fig. 25 u. 26 Bl. V veranschaulichen den Grund- und Querriss des Schneckeneingrifffeldes mit den durch seitliche Schraffirung gekennzeichneten Flankenkurven der gleichzeitigen Berührung für die gezeichnete Drehlage, und Fig. 27 stellt schliefslich noch das Radzahnfeld dar. Auch in diesen Figuren sind überall die Linien und Begrenzungen, welche sich auf die Ausführungen mit dem kleinsten Radkranzdurchmesser beziehen, voll ausgezogen und durch Buchstaben ohne Index bezeichnet, die Stribeckschen Konstruktionsverhältnisse dagegen gestrichelt und die zugehörigen Buchstaben mit einem Strichelchen als Kopfindex versehen.

In den Profilzeichnungen Fig. 17 bis 24 Bl. IV tritt klar zutage, dass die Beschränkung des cylindrischen Radkranzes auf den Halbmesser des Mittelschnittes sowohl in den arabisch, wie in den römisch bezifferten Zahnstangenschnitten durch die Kürzung der Radzahnköpfe alle ungünstigen spezifischen Gleitverhältnisse des Eingriffes fast vollkommen beseitigt, die bei Wahl der Stribeckschen Konstruktionswerte mit dem gröfsten noch ausführbaren Radkranzdurchmesser vorzüglich in den römisch bezifferten Schnitten zumteil bis zu recht erheblichen Werten anwachsen.

Fig. 25 bis 27 Bl. V lassen aber auch erkennen, dass dieser Vorteil nur auf Kosten der Eingrifffelder der Schnecke und Radzähne erreicht wird, deren Gröfsenverminderung eine entsprechende Erhöhung des spezifischen Flankendruckes zurfolge haben muss.

Ermittelt man durch Verschieben der Gewindepause über den Schneckenfeldgrundriss die jeweilige Gesamtlänge der Linien gleichzeitigen Eingriffes in Intervallen von je 0,1 Schneckendrehung, indem man für die Ganghöhe von 31,4 mm die Verschiebung immer um 3,14 mm vornimmt, so erhält man folgenden Zahlenwerte[1]):

a) für die Ausführung mit vollausgezogenem kurzem Eingrifffeld.
(Radkranzdurchmesser gleich dem Durchmesser des Mittelschnittes.)

136	133	128	122	117 mm	123	130	142	167	156 mm
zweigängige Berührung					dreigängige Berührung				

[1]) Als Anfanglage ist der Augenblick gewählt, in welchem bei der Verschiebung der Scheitel des Feldgrundrisses gerade in das Fleisch des ersten Gewindeganges rechts zurücktritt, hier also der vorangegangene Flankeneingriff vorübergehend aussetzt.

Somit beträgt in diesem Fall der Längenunterschied der Berührungslinie 50 mm, die mittlere Berührungslänge der Flanken 135 mm und die gröfste Abweichung vom Mittelwert 135 — 117 = 18 mm, bezw. 167 — 135 = 32 mm.

b) für die Stribecksche Ausführung mit gestrichelt gezeichnetem gröfstem Eingrifffeld

$$\text{bei } tg\,\beta = \frac{a}{\frac{r}{t} + 0{,}6} \text{ nach S. 26.}$$

176 175 173 169 mm 187 187 195 196 205 195 mm

dreigängige Berührung viergängige Berührung

Der gröfste Längenunterschied der Flankenberührungen beträgt also hier nur 36 mm. Die mittlere Eingrifflänge steigt auf 186 mm und die gröfsten Abweichungen vom Mittelwert bewegen sich in den engen Grenzen zwischen 186 — 169 = 17 mm und 205 — 186 = 19 mm.

Das Verhältnis der Mittelwerte für den Fall a) und b) ist

135 : 186 = 0,72 rd. 3 : 4.

Dieses Verhältnis wird sich auch in beiden Fällen annähernd für die spezifischen Flankendrucke der Getriebe einstellen und die zulässigen Belastungsgrenzen bei Wahl der einen oder andern Ausführung bestimmen.

Es ist von Interesse, dass die Betriebserfahrungen der rühmlich bekannten Aufzugfabrik von Stigler in Mailand ohne Kenntnis der hier durchgeführten theoretischen Untersuchung, also auch ohne Beeinflussung von dieser Seite, zur Verkleinerung des Raddurchmessers auf die Gröfse des Mittelschnittes und der dadurch bedingten Kürzung der Eingrifffelder geführt haben, nachdem sich lange Schnecken mit gröfserer Umfangsumspannung nicht zur vollen Befriedigung der Firma bewährt hatten. Auch andere Fabriken sind in ähnlicher Weise vorgegangen.

Dass hierbei die erhöhten Schwierigkeiten ausreichend genauer Montirung langer Schnecken und die nachteiligen Folgen selbst kleiner Eingriffungenauigkeiten, sowie das leichtere Schneiden der Räder und das schnellere Einlaufen des Getriebes eine nicht unerhebliche Rolle für die Praxis spielen, ist schon früher hervorgehoben. Es erscheint im vorliegenden Fall mindestens fraglich, ob es selbst bei sorgsamster Arbeit gelingen würde, den viergängigen Eingriff der langen Schnecke. wirklich fehlerfrei zu erreichen, für den die Schnecke genau doppelt so lang, wie bei der Ausführung von Stigler herzustellen wäre.

Die Voraussetzungen für die Zulässigkeit der stark beschränkten Eingrifffelder der Schnecke und Radzähne sind in den Aufzuganlagen von Stigler durch reichliche Zähnezahl und mäfsige Zahnbelastung erfüllt[1]).

Geometrische Konstruktion von J. Kirner für Lote in beliebigen Punkten der Zahnstangenschnittprofile von Schnecken.

Die Abhängigkeit der Lotrichtung in einem beliebigen Profilpunkt eines Zahnstangenschnittes der Schnecke von den Bestimmungsgröfsen der Schneckenform und dem Abstand der Schnittebene von der Achse verlangt eine allgemeine bildliche Darstellung eines Flächen- oder Körperelementes an der zu untersuchenden Stelle, um die geometrischen Beziehungen zwischen der Lotrichtung und den mafsgebenden Verhältnissen des Profilelementes aufzusuchen und in eine mathematische Form zu kleiden.

[1]) Die gröfste Umfangsbelastung des Schneckenrades beträgt bei der Aufzuganlage, welcher das untersuchte Getriebe entnommen ist, 550 kg. Die Bogenlänge b der Umfangsumspannung, gemessen in der Radkranzkehle an der Zahnwurzel, ist $b = 11$ cm, und somit für die Teilung $t = 3{,}14$ cm nach der Stribeckschen Rechnungsweise die spezifische Flankenpressung $k = \frac{P}{bt} = \frac{550}{11 \cdot 3{,}14} = 15{,}9$ kg/qcm. Berücksichtigt man, dass Stribeck nach den obigen Untersuchungen eine im Verhältnis 4 : 3 längere Berührungslinie des Flankeneingriffes, als Stigler erzielt, und setzt demnach als Vergleichswert für den spezifischen Flankendruck statt 15,9 kg $\frac{15{,}9 \cdot 4}{3}$ rd. 21 kg in Rechnung, so bleibt auch noch die Stribecksche Gleichung für ausreichende Wärmeableitung $n \lesssim 45\,000 \frac{\varkappa}{k\,b}$ annähernd erfüllt. Die rechte Seite dieser Gleichung liefert mit dem Wert $\varkappa = 0{,}51$ — vergl. Z. d. V. d. I. 1897 S. 972 oder Ernst, Hebezeuge, 3. Aufl. Bd. I S. 185 — als zulässige Grenzumdrehungszahl 995 i. d. Min. Die geringfügige Ueberschreitung in der Ausführung, wo n bei voller Belastung noch etwa 1000 beträgt, wird reichlich durch die verminderte Reibung ausgeglichen, welche Stigler durch die fast vollständige Beseitigung des spezifischen Gleitens im Zahneingriff erreicht. Der Radkranz besteht aus Phosphorbronze, die Schnecke aus Stahl.

In der perspektivisch gezeichneten Figur 28 ist die Schneckenachse als Z-Achse eines rechtwinkligen räumlichen Koordinatensystems angenommen, dessen $Z-X$-Ebene den

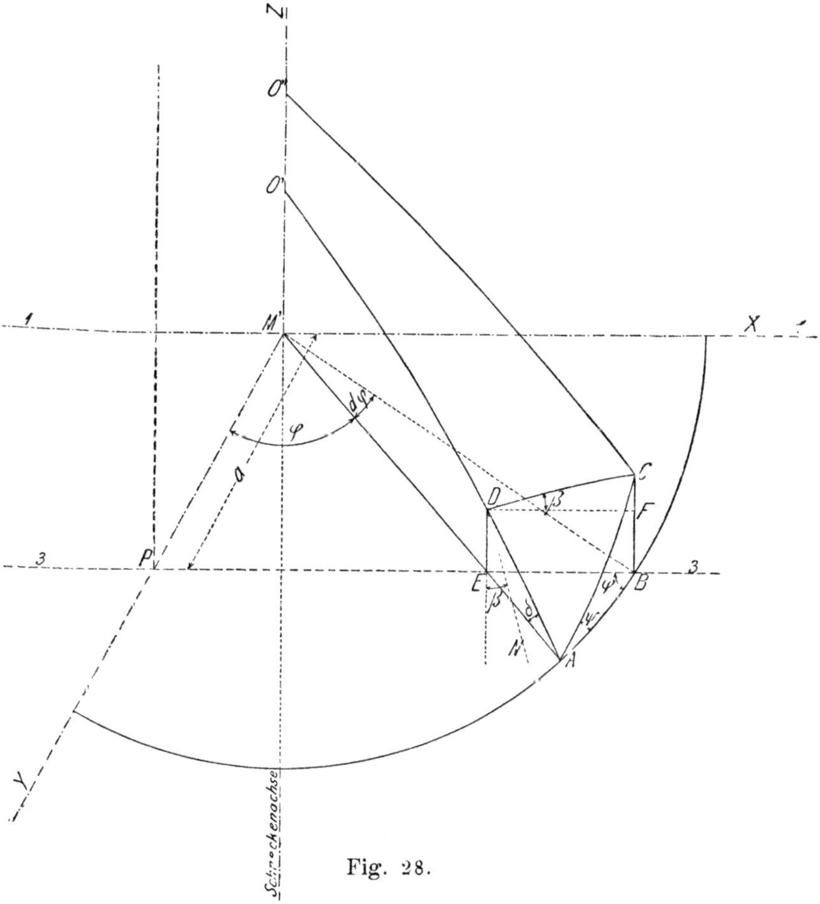

Fig. 28.

Längsmittelschnitt der Schnecke und dessen $X-Y$-Ebene einen Schneckenquerschnitt bildet, in welchem die X-Achse die in den bisherigen Untersuchungen mit 1—1 bezeichnete Spur des Mittelschnittes darstellt.

Der Punkt A bezeichnet einen Punkt der Schraubengangfläche in der Querschnittsebene im Abstande $M'A = r$ von der Schneckenachse. Die Kurve $O'A$ veranschaulicht Lage und Gestalt der Erzeugenden oder des radialen Schneckenprofils, welches durch den Punkt A und die Schneckenachse geht. Eine durch die Erzeugende und die Schneckenachse gelegte Ebene schneidet die Querschnittsebene senkrecht im Halbmesser $M'A$ der Cylinderfläche, auf welcher A liegt, und die ihrerseits den Querschnittsquadranten in dem Viertelkreis XAY schneidet. Winkel $YM'A$ ist mit φ bezeichnet.

Der Halbmesser $M'B = r$ stellt die Spur einer zweiten, von der ersten um $d\varphi$ abweichenden achsialen Schnittebene dar, welche durch die unmittelbar benachbarte Lage $O''C$ der Erzeugenden gelegt ist und die zu AB gehörige Cylinderfläche in der Mantellinie CB trifft.

Unter diesen Voraussetzungen bildet die Verbindung AC das Element einer durch A laufenden Schraubenlinie, und Winkel $CAB = \psi$ ist der vom Halbmesser r abhängige Steigungswinkel dieser Schraubenlinie, für welchen mit der in allen Punkten gleichen Ganghöhe h der Schnecke die Beziehung besteht:

$$\operatorname{tg} \psi = \frac{h}{2 r \pi} \quad . \quad . \quad . \quad . \quad . \quad . \quad . \quad (1).$$

Legt man durch BC eine Ebene parallel zur X—Z-Ebene, so schneidet diese die Erzeugende $O'A$ in D, den Halbmesser $M'A$ in E und die Y-Achse in P. Die Spur PB dieser Ebene im Schneckenquerschnitt im Abstande a von der X-Achse 1—1 entspricht der Spur einer der für die Schneckenradverzahnung erforderlichen Untersuchungsebenen, beispielsweise dem Schnitt 3—3 in den früheren Figuren, und die Verbindung der unmittelbar benachbarten Punkte DC stellt ein Element der Schnittkurve der Schraubenfläche in dieser Untersuchungsebene dar, für welches die Lotrichtung bestimmt werden soll.

Zieht man DF parallel EB, so misst Winkel $CDF = \beta$ die Neigung des Schnittprofils im Punkte D der Schraubenfläche. Das Lot DN auf DC bildet mit der Parallelen DE zur Schneckenachse ebenfalls den Winkel β und stellt die Normale zum Zahnstangenprofil der Schnecke in dem A unmittelbar benachbarten Punkte D dar, dessen Lage bei dem mathematisch vollkommen verschwindenden Einfluss der unendlich kleinen Gröfsen, im Vergleich zu den endlichen, ebenso wie A durch seine radiale Entfernung r von der Schneckenachse und den Winkel φ, bezw. durch den Abstand a der Untersuchungsebene vom Längsmittelschnitt festgelegt ist.

Die analytische und die graphische Bestimmung von β liefern die Lösung der gestellten Aufgabe.

Zur allgemeinen Klarstellung der Sachlage ist an dieser Stelle noch zu bemerken, dass die Linienelemente DC und DN die Projektionen der in den Raum gerichteten Tangente und Normale der Schraubenfläche im Punkte D auf die zum Längsmittelschnitt der Schnecke parallel geführte Untersuchungsebene 3—3 sind.

In Fig. 29 Bl. VI ist der zur Bestimmung von β inbetracht kommende Teil der vorstehend entwickelten Figur der gröfseren Deutlichkeit halber gesondert herausgezeichnet und der Winkel EBA darin mit φ bezeichnet, weil nach Fig. 28, S. 35, EB parallel zur X-Achse, senkrecht auf $M'Y$, und BA als Kreiselement senkrecht auf $M'A$ steht, also Winkel $EBA = YM'A$ ist. Aufserdem ist in der Sonderfigur für den Winkel DAE noch die Bezeichnung δ eingeführt. Dieser Winkel misst die Neigung des Schneckenprofilelementes in einer achsial geführten Schnittebene gegen den senkrecht zur Achse stehenden Schneckenquerschnitt im radialen Abstande r.

Da alle achsialen Schneckenschnitte unter einander kongruente Kurven, nämlich die Erzeugende der Schraubenfläche liefern, lässt sich δ am einfachsten dem achsialen Mittelschnitt der Schnecke, Fig. 30 Bl. VI, entnehmen, weil der Winkel hier in der Bildebene liegt. Man hat dort nur die Profiltangenten im Punkte A' bezw. A'' im Abstande r von der Achse zu ziehen und als zweiten Schenkel des Winkels die Lote auf die Achse durch diese Punkte einzutragen.

Bei Evolventenschnecken ist δ für alle Punkte A, d. h. für alle verschiedenen Abstände r, gleich grofs und mit der üblichen Neigung der Trapezflanken $= 15^0$.

Für Cykloidenverzahnung ist δ durch geometrische Konstruktion der Cykloidentangente im Punkte A' und A'' bestimmbar und von dem Abstande r des untersuchten Profilpunktes abhängig.

Für die weitere Untersuchung ist zu beachten, dass für zwei einander entsprechende Punkte A' und A'', Fig. 30, in gegenüberstehenden Schneckenflanken im gleichen Abstande r von der Achse die Tangentenrichtungen in den Profilpunkten nach entgegengesetzten Seiten von den Schneckenquerschnittsebenen abweichen und deshalb die Winkelgröfsen δ in der allgemeinen analytischen Untersuchung mit doppeltem Vorzeichen auftreten.

Die Figuren 28 S. 35 und 29 Bl. VI beziehen sich auf die Lage des Punktes A und des zugehörigen A' im Mittelschnitt, Fig. 30 Bl. VI, auf der oberen Schneckenflanke, wobei in der perspektivischen Ansicht, Fig. 29, für eine rechtsgängige Schnecke sowohl der Steigungswinkel ψ der Schraubenlinie, wie der Winkel δ beide mit ihren freien Schenkeln nach oben von der Querschnittsebene $X-Y$ abweichen und demnach δ übereinstimmend mit ψ als positiv aufzufassen ist.

Fig. 31 und die vergröfserte Sonderfigur 32 Bl. VI veranschaulichen die Sachlage für den Punkt A, zu dem A'' als entsprechender in Fig. 30 gehört, auf der unteren Schneckenflanke, wo der Schraubensteigungswinkel ψ von der $X-Y$-Querschnittsebene, in der das Dreieck EAB liegt, ebenfalls nach oben abweicht, der Profilwinkel $EAD = \delta$ nach unten gerichtet, bei positiver Bezeichnung des Winkels ψ also negativ in die Rechnung einzuführen ist.

Mit dieser veränderten Lage rückt auch im zweiten Falle der Punkt D, Fig. 32, im Gegensatz zum ersten, Fig. 29, unter E und ebenso F unter B, weil die Neigungen der Erzeugenden in beiden Fällen entgegengesetzt gerichtet sind. Ganz allgemein ist nach Fig. 29 und 32

$$\operatorname{tg}\beta = \frac{CF}{DF} = \frac{BC \mp BF}{EB} = \frac{BC \mp ED}{EB},$$

ferner $$BC = AB \operatorname{tg}\psi = EB \cos\varphi \operatorname{tg}\psi$$

sowie $$ED = EA \operatorname{tg}\delta = EB \sin\varphi \operatorname{tg}\delta$$

und somit $$\operatorname{tg}\beta = \cos\varphi \operatorname{tg}\psi \mp \sin\varphi \operatorname{tg}\delta \quad . \quad . \quad . \quad (2)^{1)}.$$

Das +Zeichen in der Gleichung liefert auch stets positive Werte für $\operatorname{tg}\beta$ und gilt daher für die arabisch bezifferten Profilschnitte, deren Lotwinkel nur nach einer Seite vom Teilriss abweichen. — Vergl. Fig. 3 bis 9, 35 und 38.

Setzt man
$$\left.\begin{array}{l} \cos\varphi \operatorname{tg}\psi = y \\ \sin\varphi \operatorname{tg}\delta = z \end{array}\right\}$$
und
$$\left.\operatorname{tg}\beta = \cos\varphi \operatorname{tg}\psi \mp \sin\varphi \operatorname{tg}\delta = y \mp z = \frac{x}{n}\right\} \quad . \quad (3),$$

wo n ein beliebiger, für die Genauigkeit der Konstruktion

---

[1]) Für den Mittelschnitt ist $\varphi = 90^0$, $\cos\varphi = 0$, $\sin\varphi = 1$, also auch nach der allgemeinen Gleichung für diesen Sonderfall die selbstverständliche Bedingung $\operatorname{tg}\beta = \mp \operatorname{tg}\delta$ erfüllt, weil hier das Schnittprofil der Schnecke mit der Erzeugenden der Schraubenfläche zusammenfällt.

ausreichender Vergröfserungsfaktor ist, so führt die Darstellung des Wertes

$$\operatorname{tg} \beta = y \mp z = \frac{x}{n} \quad . \quad . \quad . \quad . \quad . \quad . \quad (4)$$

zur geometrischen Konstruktion der Profilnormale in einem beliebigen Punkt A der einzelnen Schneckenschnitte 2—2, 3—3 usw. oder II—II, III—III usw., wenn man aufser dem Zeichenwechsel beachtet, dass die Schenkel DE des Winkels β, Fig. 28 S. 35 und 31 Bl. VI, parallel zur Schneckenachse nach entgegengesetzten Richtungen verlaufen und zum Auftragen des Wertes n zu benutzen sind, während x im Endpunkt von n senkrecht anzutragen ist; vergl. Fig. 35 Bl. VIII.

Unterscheidet man die beiden entgegengesetzten Richtungen von n durch $+$ und $-$ und bezeichnet die Richtung von n nach rechts als positiv für die römisch bezifferten Profilschnitte, für welche die Gl. (4) in der Form

$$\operatorname{tg} \beta = y - z = \frac{x}{n}$$

gilt, so erhält man für $y < z$ negative Werte von x, für $y > z$ positive. Die positiven Werte sind bei wagerechter Lage der Schneckenachse nach oben, die negativen nach unten abzutragen[1]).

Für das gegenüberliegende, arabisch bezifferte Profil mit der negativen Richtung von n, Fig. 35 Bl. VIII, gilt dann die Gleichung

$$\operatorname{tg} \beta = y + z = \frac{x}{n} .$$

Der positive Wert von $\operatorname{tg} \beta$ bedingt, dass zu dem negativen n auch ein negatives x gehört. Auf dieser Seite sind also die Werte von x stets abwärts anzutragen, wie aus dem nachfolgenden näher erläuterten Beispiel noch klarer hervorgeht. Die Länge von n, d. h. der Wert des Vergröfserungsfaktors, wird in den Zeichnungen passend zu 100 bis 200 mm angenommen.

Die geometrische Bestimmung von x setzt die Konstruktion der Winkelfunktionen von ψ, φ und δ voraus, die sich in nachstehender Weise mit einfachen Mitteln durchführen lässt.

---

[1]) Für Werte $-x$ liegt der Punkt C, Fig. 29, unter F, die Krümmung des Schnittprofils neigt sich also dann abwärts, statt nach oben anzusteigen.

a) Durchführung der Konstruktion von Profilloten für Evolventenschnecken.

Auf der Grundlinie $OB = n = 200$ mm oder gleich einer andern passend erscheinenden Länge für den Vergröſserungsfaktor, Fig. 33 Bl. VII, trägt man den Winkel δ — bei der üblichen Trapezform der Evolventenverzahnung 15^0 — an und erhält damit in der Lotstrecke BC den Wert $n \operatorname{tg} \delta$.

Hierauf wird im Abstande a, Fig. 34 Bl. VII, der Schnittebene (3—3) vom Mittelschnitt, für welche im Punkte A_{ev} des Schneckenganges das Profillot bestimmt werden soll, eine Parallele LD, Fig. 33, zu OB gezogen und für die Schneckensteigung h von B aus auf BC der Quotient $\frac{h}{2\pi} = BE$, sowie auf BO in BF der radiale Abstand $r = M'A_{ev}$ aus, Fig. 34, für den Profilpunkt abgetragen, um nach der Beziehung $\operatorname{tg} \psi = \frac{h}{2\pi r}$ in EFB den Steigungswinkel der durch A_{ev} gehenden Schraubenlinie zu erhalten. Ein Kreis mit $BF = r$ um B schneidet LD in G und liefert $\sphericalangle LBG = \varphi$; denn es ist $\cos LBG = \frac{BL}{BG} = \frac{a}{r}$ übereinstimmend mit Fig. 34 Bl. VII oder Fig. 28 S. 35, wo $\cos PMB = \cos(\varphi + d\varphi) = \frac{a}{r}$ und für endliche Werte $\cos(\varphi + d\varphi) = \cos\varphi$.

Zieht man ferner durch O eine Parallele OH zu FE und fällt die Lote HJ und CK auf BG, so ist

$$BJ = BH \cos\varphi = OB \operatorname{tg}\psi \cos\varphi = n \operatorname{tg}\psi \cos\varphi = ny$$

nach Gleichung (3), S. 38,

und

$$CK = BC \sin\varphi = OB \operatorname{tg}\delta \sin\varphi = n \operatorname{tg}\delta \sin\varphi = nz$$

ebenfalls nach Gleichung (3);

somit

$$BJ \mp CK = n(y \mp z) = x \text{ nach Gleichung (4)}$$

der gesuchte Wert, und zwar $BJ - CK = x$ gültig für den Punkt A' der in Fig. 35 rechts liegenden linken Schneckenflanke für den Schnitt III — III und, weil negativ, abwärts angetragen;

ferner $BJ + CK = x$ gültig für den Punkt A'' der in Fig. 35 Bl. VIII links liegenden rechten Schneckenflanke für den Schnitt 3 — 3 in demselben radialen Abstand r von der Schneckenachse, wobei, dem positiven Wert $\operatorname{tg}\beta = \frac{x}{n}$ entsprechend, für die negative Richtung von n nach links auch x als negativ aufzufassen und abwärts anzutragen ist[1]).

Die Konstruktion liefert auf diese Weise stets zwei Werte, d. h. gleichzeitig den Doppelwert von x für die beiden Lote in zwei gegenüberliegenden Flankenpunkten derselben Schnittebene, Fig. 35, von denen der eine A'' der arabisch bezifferten, der andere A' der römisch bezifferten, symmetrisch zum Längsmittelschnitt der Schnecke geführten Untersuchungsebene angehört. Dabei besteht für die Zuverlässigkeit der Konstruktion der Vorzug, dass die Punkte A' und A'', für welche die Lote aufgesucht werden, durch den Abstand a der Untersuchungsebene vom Mittelschnitt und durch den Winkel η oder den Halbmesser r — vergl. Fig. 1 S. 6 und 34 Bl. VII — unmittelbar festgelegt werden können, statt sie einer beliebigen, nicht unmittelbar bestimmten Stelle des nach den früheren Angaben über das Aufzeichnen der Schneckenzahnstangenprofile ausgezogenen Profils zu entnehmen.

Für andere Punkte derselben Schnittprofile bleiben δ, $\frac{h}{2\pi}$ und a unverändert, und nur die übrigen Gröfsen der Konstruktionsfigur wechseln sinngemäfs. In Fig. 33 Bl. VII sind diese veränderten Werte durch punktirte Linien angegeben für zwei weitere Punkte A_1' und A_1'', Fig. 35, zu deren Bestimmung der Punkt A_{1ev}, Fig. 34, gehört. In diesem Falle wird $BJ - CK = x$ positiv und ist daher in Fig. 35 nach oben anzutragen, sodass auch das Lot im Punkte A_1', wie im übrigen auch die Profilform ohne weiteres anzeigt, nach aufwärts gerichtet ist, während es sich für den Punkt A' abwärts geneigt ergab. Die Lote des arabisch bezifferten Schnittes für die Punkte A'' und A_1'' sind stets nach unten geneigt, weil hierfür der Wert $BJ + CK = x$ ohne Zeichenwechsel gilt.

b) Durchführung der Konstruktion von Profilloten für Cykloidenschnecken.

Für Cykloidenschnecken ist der Neigungswinkel δ des Gangprofils für jeden andern Wert des radialen Abstandes r

[1]) Der Schnitt Fig. 35 gehört zu einer doppelgängigen Evolventenschnecke mit dem Teilrissabstand von ihrer Achse $r_0 = t = 13\ \tau$. Die Originalzeichnung, nach der die Textfigur verkleinert ist, war der gröfseren Deutlichkeit halber im Mafsstab 2 : 1 gezeichnet. Das Mafs $n = 200$ ist in dieser vergröfserten Zeichnung benutzt, entspricht also in der auf die wirkliche Gröfse reduzirten Figur einer Strecke von $n = 100$. Die Lage der Punkte A' und A'' in Fig. 35 inbezug auf den Schneckenteilriss, ist Fig. 34 nach Mafsgabe des Abstandes des Punktes A_{ev} von der Teilrissberührungslinie MN zu entnehmen.

ein anderer und daher zunächst diese Winkelgröfse als Grundlage der ganzen Konstruktion zu bestimmen. Da die Profile der Cykloidenschnecken im Mittelschnitt aus gewöhnlichen Cykloiden bestehen, erzeugt durch Rollen der kreisförmigen Eingrifflinien auf dem Teilriss der Schnecke, handelt es sich um die Tangentenrichtung für beliebige Punkte solcher Cykloiden.

Rollt ein Kreis, Fig. 36 Bl. VIII, auf einer Geraden, die er anfänglich im Punkte O berührt, nach dem Punkte O', so beschreibt der Punkt O als Erzeugender die Cykloide OP, und O' bildet den augenblicklichen Wälzungsmittelpunkt des Cykloidenelementes im Punkte P. Hiernach ist $O'P$ die augenblickliche Cykloidennormale.

Die Entfernung zweier gleichliegender Punkte P und Q auf den beiden Rolllagen des Kreises in gleichem Abstand von der Grundlinie ist gleich der Rollstrecke $O'O$ und deshalb $OO'PQ$ ein Parallelogramm. Die Richtung der Cykloidennormale im Punkte P wird somit auch durch die Sehne OQ angegeben, welche vom Berührungspunkt des Rollkreises mit der Grundlinie in der Anfangslage nach dem Schnittpunkt des Kreises mit einer durch den Kurvenpunkt P zur Grundlinie gezogenen Parallelen geht.

Für die cyklische Verzahnung einer Schnecke liegt die Grundlinie der Cykloidenprofile des Längsmittelschnittes in der Teilrisslinie parallel zur Schneckenachse, und der Winkel der Profilnormalen mit dieser Grundlinie ist von gleicher Gröfse wie der gesuchte Neigungswinkel δ der Tangente in demselben Profilpunkt gegen den zugehörigen Querschnittshalbmesser.

Um die Konstruktion unmittelbar mit der zur Bestimmung von x oder $\operatorname{tg} \beta$ zu verbinden, verzeichnet man Fig. 37 Bl. IX die zur Cykloidenverzahnung des Mittelschnittes benutzten Eingrifflinien, d. h. die Rollkreise E_1 und E_2 mit ihrem gemeinsamen Berührungspunkt O auf dem Teilriss und ferner parallel zum Teilriss im Abstande r_0 die Schneckenachse, zieht sodann in dem radialen Abstande r des Profilpunktes A_{cycl}, Fig. 34 Bl. VII, für den der Winkel δ bestimmt werden soll, in Fig. 37 eine zweite Parallele zum Teilriss, die den Rollkreis E_2 in Q schneidet, und verbindet Q mit O; dann bildet diese Gerade mit dem Teilriss den Tangentenwinkel δ für den in der Schnittebene 3—3 zu untersuchenden Punkt A_{cycl}[1]).

[1]) Des Vergleiches halber sind die Schnittprofile Fig. 35 Bl. VIII und Fig. 38 Bl. IX für eine doppelgängige Evolventen- und eine Cykloidenschnecke von gleichen Verhältnissen

$$r_0 = t = 13\pi$$

Der weitere Verlauf der Konstruktion entspricht vollkommen dem für Evolventenverzahnung angegebenen, in Fig. 33 durchgeführten Verfahren, indem man in Fig. 37 zunächst auf dem Teilriss OB den Vergröfserungsfaktor $n = OB$ aufträgt, in B ein Lot $BE = \frac{h}{2\pi}$ errichtet, BF nach Fig. 34 gleich $M'A_{cycl} = r$ macht usw. Auch hier ist in Fig. 37 und 38 die Konstruktion für je zwei entsprechende Flankenpaarpunkte $A'A''$ und $A_1'A_1''$ durchgeführt, die zu den Punkten A_{cycl} und A_{1cycl}, Fig. 34, gehören, aus der ihre Abstände von MN, d. h. von der Teilrissfläche, entnommen sind.

Das Verfahren ist zwar durch die besondere Bestimmung des mit r veränderlichen Wertes von δ etwas umständlicher als für Evolventenverzahnung, aber ebenfalls lediglich mit Kreisen, Loten, Parallelen und genau messbaren Gröfsen durchführbar, sodass vollkommen zuverlässige Zeichnungen hergestellt werden können. Auch die Lage der Profilpunkte selbst, für welche die Lote gesucht werden, lässt sich mit der Grundkonstruktion der Profilschnitte unmittelbar festlegen.

Für einzelne Sonderfälle, zu denen die weiteren Untersuchungen führen, ist schon an dieser Stelle darauf aufmerksam zu machen, dass für alle Punkte der römisch bezifferten Schnittebenen einer Cykloidenschnecke, die im Abstande $r = r_0$, Fig. 34 Bl. VII, liegen, der Winkel $\delta = 0$ ist.

Gleichung (3): $\frac{x}{n} = \operatorname{tg}\beta = \cos\varphi \operatorname{tg}\psi - \sin\varphi \operatorname{tg}\delta$, geht dann in $\frac{x}{n} = \operatorname{tg}\beta = \cos\varphi \operatorname{tg}\psi$ über und liefert für die Schnittebene den gröfsten positiven Wert von x. Das Profillot in dem so bestimmten Punkte ist von allen Loten für andere Punkte derselben Schnittebene am steilsten aufwärts gerichtet und unter den übrigen aufwärts gerichteten Loten des Profilschnittes bis zum Schneckenteilriss am kürzesten. Diese Eigenschaft führt, wie wir sehen werden, zu rückläufigen Radzahnprofilen.

---

entworfen und daher die für beide gemeinsame Querschnittsfigur 34 Bl. VII auch gemeinsam benutzt, in welcher die auf die Evolventenschnecke bezüglichen Punkte A durch den Fufsindex ev und die Punkte A für die Cykloidenschnecke mit dem Fufsindex $cycl$ bezeichnet sind.

Vereinfachte Konstruktionen der Profillote für die Zahnstangenschnitte der Schnecken von M. Rother und J. Kirner.

Rother ersetzt in Gl. (2) S. 38 $\operatorname{tg}\beta = \cos\varphi \operatorname{tg}\psi \mp \sin\varphi \operatorname{tg}\delta$ nach Gl. (1) S. 36, $\operatorname{tg}\psi$ durch $\frac{h}{2\pi r}$. Hiermit folgt

$$\operatorname{tg}\beta = \cos\varphi \cdot \frac{h}{2\pi r} \mp \sin\varphi \operatorname{tg}\delta$$

und weiter nach Fig. 34 Bl. VII mit $r = \frac{a}{\cos\varphi}$

$$\operatorname{tg}\beta = \frac{h}{2\pi a} \cos^2\varphi \mp \sin\varphi \operatorname{tg}\delta.$$

Durch Multiplikation der ganzen Gleichung mit νa, wo ν eine beliebige ganze Zahl ist, die zur genaueren zeichnerischen Darstellung von $\operatorname{tg}\beta$ als Vergröſserungsfaktor dient und hierfür von Fall zu Fall je nach Bedürfnis zu wählen ist, erhält man

$$\nu a \operatorname{tg}\beta = \frac{\nu h}{2\pi} \cos^2\varphi \mp \nu a \sin\varphi \operatorname{tg}\delta \quad . \quad . \quad . \quad (5).$$

Hier entspricht die rechte Seite der Gleichung der Bedeutung von x in Gl. (4), S. 39, und ebenso νa dem früheren Vergröſserungsfaktor n; aber nur der Verhältniswert ist der gleiche, die Einzelwerte sind verschieden.

Zur geometrischen Darstellung von $\operatorname{tg}\beta$ zeichnet man einen Längsschnitt der Schnecke durch ihre Achse mit dem Profil der Schneckenerzeugenden in der Bildebene, Fig. 39, und konstruirt im Punkte A, bezw. dem entsprechenden A' der andern Flanke im radialen Abstande r von der Achse die Profiltangente, deren Neigungswinkel δ nach rechts oben gerichtet als positiv, bei der entgegengesetzten Neigung nach unten dagegen als negativ aufzufassen ist. Das voll ausgezogene Profil, Fig. 39, bezieht sich auf Evolventenverzahnung, für welche die Tangenten in allen Punkten mit dem geradlinigen Profil zusammenfallen, und δ nach den üblichen Ausführungen 15^0 ist. Die gestrichelten Profilkurven deuten eine Cykloidenverzahnung an, deren von Punkt zu Punkt veränderliche Tangentenneigungen sich anhand der Figuren 36 und 37 Bl. VIII und IX nach den früheren Angaben S. 42 bestimmen lassen.

Die Lotkonstruktion für den Zahnstangenschnitt der Schnecke ist nachstehend nur für Evolventenschnecken durchgeführt, weil für Cykloidenverzahnung lediglich noch die je-

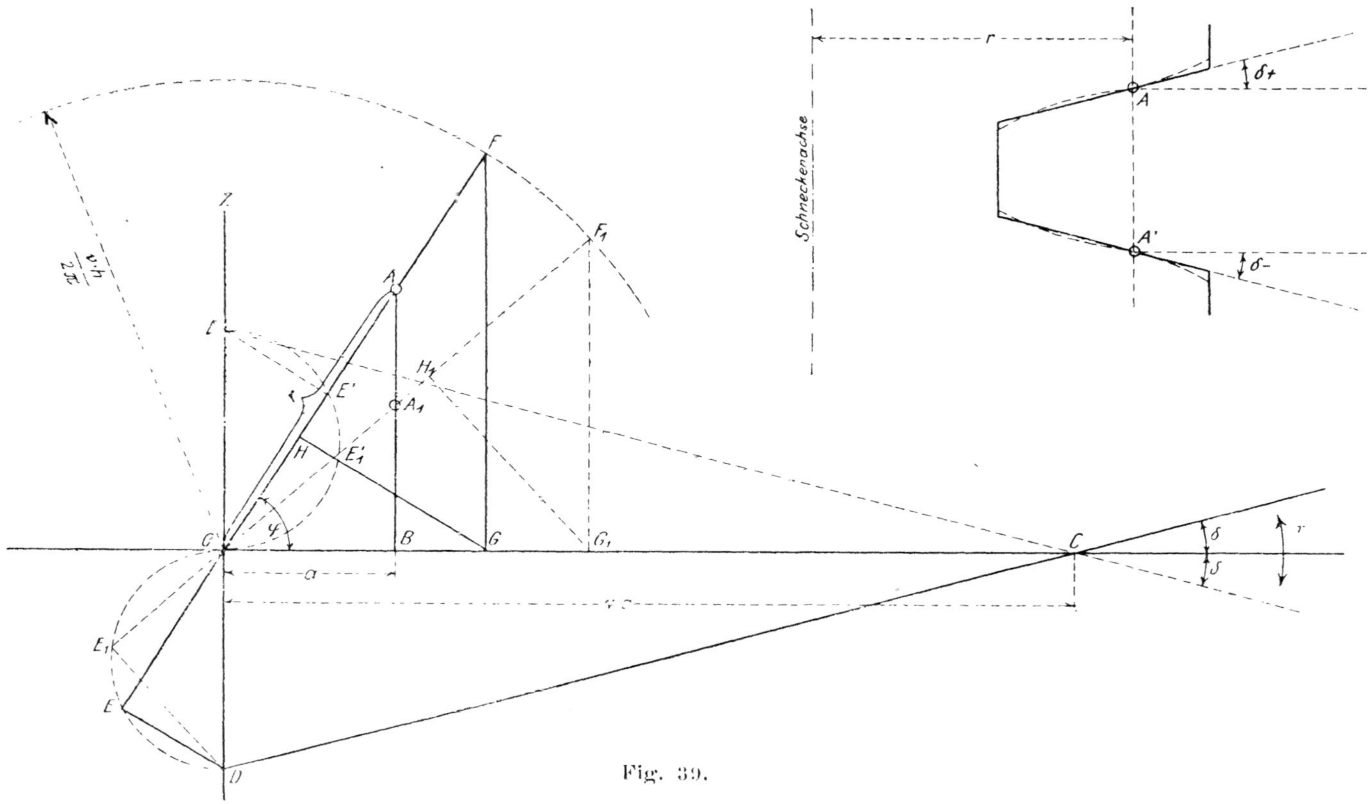
Schneckenachse
r
A
A'
δ+
δ-
F
F₁
A
E'
A₁
H₁
H
E₁'
φ
O
B
G
G₁
C
a
δ
δ
E₁
E
D
Z
v·h
2π

Fig. 39.

weilig neue Bestimmung von δ hinzutritt. Des Vergleiches halber ist hier dieselbe Schnecke zugrunde gelegt, für welche früher die Figuren 33 und 35 Bl. VII und VIII entworfen sind.

In dem rechtwinkligen Koordinatensystem mit dem Anfangspunkt O, Fig. 39 S. 45, dessen Z-Achse parallel zur vorher in der Nebenfigur gezeichneten Schneckenachse anzunehmen ist, trägt man von O aus auf der horizontalen Achse die Strecke $OB = a$ nach Fig. 40 Bl. X ab, d. h. den Abstand der Untersuchungsebene, in welcher sich der Punkt A, für den die Profilnormale des Zahnstangenschnittes bestimmt werden soll, befindet, von dem Längsmittelschnitt 1—1 der Schnecke. Ferner macht man $OC = \nu a$. Im vorliegenden Falle ist $\nu = 5$ gewählt.

Durch C wird eine Parallele zur Profiltangente der Erzeugenden im Punkte A, Fig. 39 S. 45, gezogen, welche für $+\delta$ in der Figur voll ausgezogen die Z-Achse in D schneidet[1]). Für $-\delta$ gilt die gestrichelte Linie und der Schnittpunkt D'. Hierdurch erhält man $OD = OC \operatorname{tg} \delta = \nu a \operatorname{tg} \delta$.

Ein mit dem radialen Abstande r des Punktes A in Fig. 40 um O in Fig. 39 geschlagener Kreis überträgt den Punkt A nach Fig. 39 in den Schnittpunkt mit dem in B auf OB errichteten Lot und liefert in AOB den Winkel φ. Ein Lot DE von D auf die Richtung OA schneidet auf letzterer die Strecke $OE = OD \sin\varphi = \nu a \sin\varphi \operatorname{tg}\delta$ ab.

Zur Konstruktion des andern Gliedes der rechten Gleichungsseite ist $\frac{\nu h}{2\pi}$ auf OA von O aus gleich OF abzutragen, von F ein Lot FG auf OC und von G ein weiteres GH auf OA zu fällen. Dann ist

$$OG = \frac{\nu h}{2\pi} \cos\varphi$$

und

$$OH = \frac{\nu h}{2\pi} \cos^2\varphi .$$

Auf diesem Wege erhält man, unter Berücksichtigung

---

[1]) Sobald man einen klaren Einblick in das Verfahren gewonnen hat, kann die Nebenfigur mit dem Längsschnitt der Schnecke, welche im wesentlichen nur zur klaren Vergegenwärtigung der Vorzeichen von δ dient, entbehrt und der Winkel δ sinngemäfs unmittelbar in C angetragen werden, wozu für Cykloiden die besondere Hülfskonstruktion an dieser Stelle auszuführen ist. Für Evolventen ist der Winkel $\delta = 15$ nach oben anzutragen, wenn es sich um Profilpunkte in arabisch bezifferten Schneckenschnitten handelt, nach unten für Punkte der römisch bezifferten Ebenen.

des Vorzeichens von δ, ganz allgemein den ganzen Wert der rechten Gleichungsseite in Fig. 39, S. 45

$$\frac{rh}{2\pi}\cos^2\varphi + ra\sin\varphi\,\mathrm{tg}\,\delta = OH + OE = HE,$$

unmittelbar in der zusammenhängenden Strecke HE und hat nur noch HE und ra in Fig. 41 Bl. X als Katheten eines rechtwinkligen Dreiecks einzutragen, um für den Zahnstangenschnitt der Schnecke im Punkte A den Neigungswinkel β des gesuchten Profillotes darzustellen.

Der Schnittpunkt F auf dem Radius des untersuchten Profilpunktes A ist für weitere Punkte leicht durch einen Kreis um O mit dem konstanten Halbmesser $\frac{rh}{2\pi}$ zu bestimmen und so z. B. für A_1, Fig. 40, auf dem Radius OA_1, Fig. 39, der Konstruktionspunkt F_1 sofort aufzufinden.

Bei Evolventenverzahnung bleibt auch der Punkt D für alle Lotkonstruktionen in weiteren Punkten desselben Flankenprofils unverändert. Es lassen sich deshalb die Punkte E bequem als Schnittpunkte eines über OD geschlagenen Halbkreises mit den Radienvektoren OA der nach einander zu untersuchenden Profilpunkte A festlegen, weil die Peripheriewinkel über dem Kreisdurchmesser für alle Strahlen eine einheitliche Lotkonstruktion bilden.

Für die andere Evolventenflanke ist δ in C an CO, wie in Fig. 39 gestrichelt angegeben, als negativ, umgekehrt wie vorher anzutragen und über $OD' = OD$ der Halbkreis zur Bestimmung der Endpunkte E' zu schlagen.

Der mit $-\delta$ verbundene Wechsel des Vorzeichens für das zweite Glied $ra\sin\varphi\,\mathrm{tg}\,\delta$ auf der rechten Seite der Gleichung (5) kennzeichnet sich in der Konstruktionsfigur dadurch, dass die Strecke OE' von O aus nach aufwärts, d. h. entgegengesetzt wie OE gerichtet ist.

Ist in diesem Fall, wie vorliegend, OE' gleichzeitig gröfser als OH, so ist auch der Schlusswert $OH - OE' = HE'$ nach aufwärts gerichtet und zeigt dadurch den negativen Wert von $\mathrm{tg}\,\beta$ und β an. Für andere Punkte desselben Flankenschnittes III—III z. B. für A_1' ist β wieder positiv, weil hierfür $OH_1 > OE_1'$. Infolgedessen fällt in der Figur auch der Endpunkt E_1' der Bestimmungsstrecke H_1E_1' von H_1 aus nach O zu.

Im übrigen bleibt, wie schon bei der Kirnerschen Konstruktion hervorgehoben wurde, zu beachten, dass übereinstimmend mit Fig. 35 und 38 in Fig. 41 die zur Konstruktion von $\operatorname{tg}\beta$ parallel zur Schneckenachse, stets nach der Fleischseite der Flanken gezogenen Dreieckskatheten n, bezw. hier νa, als positiv und negativ zu unterscheiden sind, je nachdem sie von links nach rechts oder von rechts nach links laufen. Die Werte HE liefern die zugehörigen Katheten, welche je nach dem Richtungsvorzeichen für Profilpunkte der römisch bezifferten Schnittprofile in Fig. 41 nach oben einzuzeichnen sind, wenn positiv, nach unten dagegen, wenn negativ. Zu den arabisch bezifferten Schnitten gehören nur positive Werte von $\operatorname{tg}\beta$ und somit sind auf dieser Seite in Fig. 41 zu den negativen Richtungen von νa auch die an sich positiven Werte von HE in negativer Richtung, d. h. abwärts anzutragen, um den positiven Charakter von $\operatorname{tg}\beta$ in der Darstellung zum Ausdruck zu bringen.

Den Vorzug der Rotherschen Konstruktion, dass die zur Darstellung von $\operatorname{tg}\beta$ benutzten Katheten ohne weiteres der Konstruktionsfigur je in einer einzigen zusammenhängenden Strecke HE entnommen werden, und dass gleichzeitig die Richtung von HE sofort erkennen lässt, ob es sich um positive oder negative Werte handelt, kann auch durch eine kleine, erst während des Neudruckes der vorliegenden Abhandlung aufgefundenen Abänderung des Kirnerschen Verfahrens erreicht werden, wenn man Fig. 33 Bl. VII in folgender Weise ergänzt denkt.

Die Strecke $BJ = n \cos\varphi \operatorname{tg}\psi$ wird, wie früher, S. 40 bestimmt. Dann trägt man durch einen Kreis um B mit $BO = n$ den Vergröfserungsfaktor n noch auf die senkrechte Koordinatenachse auf und zeichnet den Winkel δ zu beiden Seiten dieser Strecke, links für $+\delta$, rechts für $-\delta$. Die freien Winkelschenkel schneiden auf der wagerechten Koordinatenachse von B aus die Strecken $n \operatorname{tg}\delta$ und $-n \operatorname{tg}\delta$ ab, welche man an derselben Stelle auch unmittelbar erhalten kann, wenn man unter Benutzung der früheren Antragung des Winkels δ an OB in Fig. 33 mit BC um B einen Kreis schlägt.

Fällt man schliefslich noch von den Endpunkten der so eingetragenen Strecken $\mp n \operatorname{tg}\delta$ Lote auf BG und deren Verlängerung nach unten, so erhält man hierauf von B aus die Werte $\mp n \sin\varphi \operatorname{tg}\delta$ und damit auf derselben Linie die algebraische Summe, Gl. (3), S 38,

$$n \operatorname{tg}\beta = n \cos\varphi \operatorname{tg}\psi \mp n \sin\varphi \operatorname{tg}\delta = x,$$

in einer zusammenhängenden Strecke, deren Richtung gleichzeitig über das Vorzeichen von $\operatorname{tg}\beta$ Aufschluss giebt.

Das Rothersche Verfahren, die Lotrichtungen zur Bestimmung von $\nu a \sin\varphi \operatorname{tg}\delta$ durch Halbkreise über OD und OD', Fig. 39, festzulegen, lässt sich in gleich einfacher Weise auf die abgekürzte Kirnersche Konstruktion übertragen, indem man hier die Kreise über den Strecken $\pm n \operatorname{tg}\delta$ zu beiden Seiten von B schlägt.

Eine weitere Variation der abgekürzten Konstruktion von Kirner erhält man, wenn man dieselbe Grunddisposition, wie in der Rotherschen Fig. 39, S. 45, benutzt, d. h. die Strecke OC als Vergröfserungsfaktor n wählt, aber dauernd beibehält, an CO den Winkel δ und an $OB = a$ den Winkel $BOA = \varphi$ vermittels r anträgt und damit die Strecke $OE = n \sin\varphi \operatorname{tg}\delta$ bestimmt. Dann überträgt man durch einen Kreisbogen $OA = r$ von O aus r auf die Z-Achse, verbindet den Endpunkt mit C und zieht hierzu eine Parallele durch den Endpunkt des ebenfalls von O auf die Z-Achse abzutragenden Wertes $\frac{h}{2\pi}$ [1]). Diese Parallele geht, wie man bei Ausführung der Konstruktion erkennt und nachstehend noch bewiesen wird, durch den Punkt G. Die Projektion OH von OG auf OA liefert dann den Wert $n \cos\varphi \operatorname{tg}\psi$, der sich graphisch an $OE = n \sin\varphi \operatorname{tg}\delta$ entgegengesetzt oder gleichgerichtet unmittelbar anschliefst, je nachdem δ positiv oder negativ ist, und so graphisch die algebraische Summe der $n \cos\varphi \operatorname{tg}\psi \mp n \sin\varphi \operatorname{tg}\delta$ darstellt. Aus den zu ziehenden Parallelen folgt nämlich die Proportion:

$$\frac{h}{2\pi} : r = OG : n, \text{ d. h. } \frac{nh}{2r\pi} = n \operatorname{tg}\psi = OG,$$

und schliefslich $OH = OG \cos\varphi = n \cos\varphi \operatorname{tg}\psi$.

Im wesentlichen sind die beiden Variationen des abgekürzten Kirnerschen Verfahrens und die Konstruktion von Rother gleich bequem verwendbar und es ist mehr oder minder nur eine Frage des jeweilig verfügbaren Raumes auf dem Zeichenbrett, oder der Gewohnheit, wofür man sich entscheidet.

An die Stelle der nur mit r veränderlichen Neigung der Kirnerschen Parallelen tritt bei Rother in Fig. 39 das einfach direkt mit dem Zeichendreieck zu fällende Lot FG, dessen Lage ebenfalls mit r wechselt. Dafür arbeitet Kirner für alle Untersuchungsschnitte mit konstantem Vergröfserungsfaktor

---

[1]) Da in der Fig. 39 $\nu = 5$ angenommen ist, hat man zur Nachprüfung der angegebenen Konstruktion in der Rotherschen Figur S. 45 $\frac{h}{2\pi} = \frac{\nu}{5} \cdot \frac{h}{2\pi} = \frac{OF}{5}$ zu benutzen.

n und ziemlich gleichbleibender Figurengröfse, während der Rothersche Faktor νa von Ebene zu Ebene neu angetragen werden muss und sich, wenn der Platz auf dem Reifsbrett für die gröfseren Werte von a für νa nicht mehr reicht, bei wechselnder Wahl für ν auch $\frac{\nu h}{2\pi}$ ändert.

Ich empfehle zur Einübung das Rothersche Verfahren und die zuletzt besprochene Variation von Kirner, weil sich beide in der Lage und Richtung des zu ermittelnden Wertes decken und daher bei etwaiger wechselweiser Benutzung Irrtümer hinsichtlich der Streckenvorzeichen, die sonst vorkommen könnten, nicht zu befürchten sind.

Rein zeichnerische Konstruktion der Profillote.

Mit den Methoden der beschreibenden Geometrie lässt sich die Profillotkonstruktion auch auf rein graphischem Wege durchführen, ohne jedoch ein handlicheres und kürzeres Verfahren, als bei der geometrischen Darstellung der Gleichung $\operatorname{tg}\beta = \cos\varphi \operatorname{tg}\psi \mp \sin\varphi \operatorname{tg}\delta$ zu gewinnen, die dann aus der deskriptiven Konstruktion entwickelt werden muss, weil sie für die tiefergehende allgemeine Kritik der Schneckeneigenschaften unentbehrlich ist.

Das rein graphische, zuerst von Regner, Oberlehrer a. d. kgl. Maschinenbauschule in Einbeck, vorgeschlagene Verfahren geht von dem Gedanken aus, dass der Schnitt der Untersuchungsebene mit der Berührungsebene der Schraubenfläche im Punkte P die Profiltangente des Zahnstangenschnittes bildet, zu der die gesuchte Normale senkrecht steht, und dass die Richtung dieser Tangente auch durch die parallele Spur der Berührungsebene in dem zur Untersuchungsebene parallelen Längsmittelschnitt der Schnecke bestimmt ist. Hier lässt sich aber dieselbe durch die Durchgangspunkte zweier anderer Tangenten des Punktes P mit den zeichnerischen Hülfsmitteln der darstellenden Geometrie ermitteln.

Die eine dieser Tangenten ist die der Schneckenerzeugenden in P, welche stets durch die Schneckenachse, also auch durch den Längsmittelschnitt geht und bei Evolventenverzahnung mit dem Trapezprofil zusammenfällt. Die andere bietet sich in der Tangente dar, welche man an die durch P gehende Schraubenlinie ziehen kann. Man arbeitet dann im Grund- und Aufriss der Schnecke mit den Projektionen zweier rechtwinkliger Dreiecke. Die Hypotenuse des einen wird durch die Tangentenstrecke der Schneckenerzeugenden im Punkte P gebildet, welche von der Schneckenachse bis zum äufseren Mantelcylinder reicht und sich im Grundriss als Radius projizirt. Dieser Radius ist als horizontale Kathete des rechtwinkligen Hülfsdreiecks zu benutzen und bestimmt durch seinen Schnitt mit der Spur der Untersuchungsebene im Grundriss, die Grundrissprojektion des Punktes *P*. Die Lage von *P* im Raume wechselt mit der Drehlage des Radius, und die Höhenlage seiner Aufrissprojektion ergiebt sich aus der Erwägung, dass die senkrechte, mit der Schneckenachse zusammenfallende Kathete des Hülfsdreiecks nach Mafsgabe der Ganghöhe und der anzunehmenden Anfangslage um einen dem Drehwinkel entsprechenden proportionalen Teil der Ganghöhe in der Achse fortrückt. Der Schnittpunkt der Tangente an die Erzeugende, d. h. der Hypotenuse mit der Schneckenachse im Aufriss liefert einen der gesuchten Richtungspunkte. Die Ebene des zweiten Hülfsdreiecks ist parallel zur Schneckenachse derart durch den Punkt *P* zu legen, dass die Tangente an die Schraubenlinie des Punktes *P* bis zu ihrem Durchgang im Längsmittelschnitt die Hypotenuse bildet, deren Neigungswinkel der Steigungswinkel der Schraubenlinie ist. Im Grundriss erscheint dann diese Hypotenuse senkrecht zu dem durch *P* gezogenen Radius und der Schnittpunkt des Lotes auf dem Radius mit der Spur des Längsmittelschnittes ist die Grundrissprojektion des Durchganges der Schraubenlinientangente in der Mittelebene. Das Lot auf dem Radius bildet die horizontale Kathete des zweiten Hilfsdreiecks und wird in einer Nebenfigur zum Antragen des Steigungswinkels benutzt, um hierdurch die andere Kathete, d. h. die Aufrissordinate des Durchganges zu bestimmen. Damit wird dann auch der zweite Richtungspunkt der gesuchten Profiltangente im Aufriss festgelegt. Die Bestimmung des für *P* mit dem verschiedenen radialen Abstand wechselnden Steigungswinkels ψ der Schraubenlinie kann in ähnlicher Weise, wie in der Kirnerschen Figur mit einem rechtwinkligen Dreieck erfolgen, dessen eine Kathete $\frac{h}{2\pi}$ für alle Punkte benutzbar bleibt, oder mittels einer graphischen Rektifikation des Grundrisskreises und proportionaler Teilung des rektificirten Umfanges für andere Werte von *r*, wenn man grundsätzlich einer vollkommen rein graphischen Darstellung den Vorzug giebt[1]).

[1]) Am brauchbarsten ist für diesen Zweck die schon 1685 von Kochanski angegebene Kreisrektifikation. Spieker, Lehrbuch der ebenen Geometrie. 22. Aufl. Potsdam 1895 S. 165. Vergl. ferner bezüglich der Rektifikation beliebiger Kreisbogen: H. Hart, Z. d. V. d. Ing. 1891 S. 445.

Die stetige Benutzung von Grund- und Aufriss für den jeweiligen Profilpunkt, sowie die umständliche Ermittlung des Teilbetrages der Ganghöhe für ganz bestimmte Punkte P, deren Drehwinkel nicht einfachen Teilbeträgen von 360^0 entspricht, gestaltet das ganze Verfahren in der praktischen Anwendung weniger bequem, als es nach dem einfachen Grundgedanken den Anschein hat. Vereinfachungen der deskriptiven Konstruktionen ergeben sich u. a. aus der aushülfsweisen oder ausschliefslichen Benutzung analytischer Beziehungen der dargestellten Gröfsen. Dieser Weg liefert analytisch-deskriptive Konstruktionsvarianten für die Profillote und mündet schliefslich in den Weg, welchen wir zur Entwicklung der kurzen und allgemein verwendbaren Konstruktionen von Kirner und Rother eingeschlagen haben. Für die technische Untersuchung der Schnecken handelt es sich, wie oben angedeutet, nicht nur um die Lotkonstruktion für beliebige Punkte, sondern auch gleichzeitig um allgemeine Schlussfolgerungen aus den Lotrichtungen auf die besonderen Eigenschaften der Getriebe bei verschiedenartigen Einzelverhältnissen. Beiden Zwecken dient die Grundgleichung (2) S. 38 für $\operatorname{tg} \beta$ als gemeinsamer Ausgangspunkt.

Abgekürzte Konstruktion der Eingrifffelder für Schnecken und Radzähne.

In den ersten Untersuchungen S. 5 u. f. waren zunächst die Schneckenschnitte der einzelnen Ebenen für den Zahnstangeneingriff bestimmt, dazu die Profillote unter Hinweis auf ihre vorstehend nachgetragene geometrische Konstruktion gezeichnet und diese nach der allgemeinen Verzahnungstheorie zum Aufsuchen der Eingriffstrecken benutzt, um schliefslich damit die Eingrifffelder von Schnecke und Rad zu entwerfen.

Verschiebt man in Fig. 35 Bl. VIII das im Punkte A'' errichtete Profillot $A''L$ des arabisch bezifferten Schnittes 3—3 parallel mit sich selbst, bis sein Teilrisspunkt in den gemeinschaftlichen Berührungspunkt G der Teilrisse fällt, so liefert der verschobene Fufspunkt den zu A'' gehörigen Eingriffpunkt E. Zu demselben Ergebnis gelangt man, wenn man statt A'' auf dem Schneckenprofil den in gleichem Abstande vom Teilriss gelegenen Punkt P auf der Getriebezentrale wählt, für diesen das Lot, genau wie vorher, nach den Bestimmungsgröfsen für den Punkt A_{er}, Fig. 34 Bl. VII, konstruirt und es bis nach G verschiebt. Das gleiche Verfahren für andere Punkte, z. B. A_1'', mit den zugehörigen Bestimmungselementen für den zugehörigen

Punkt A_{1ec}, Fig. 34, unter Benutzung des Ersatzpunktes P_1 durchgeführt, liefert schliefslich die vollständige Eingrifflinie, deren Endpunkte durch die Kopfbahnen der Schnecke und des Rades festzulegen sind. Die Abstände dieser Bahnen vom gemeinschaftlichen Berührungspunkt G der Teilrisse sind in der betreffenden Schnittebene der Figur 34 zu entnehmen, wo sie sich inbezug auf die Teilrissflächenberührungslinie MN darstellen, in der auch der Punkt G liegt.

In gleicher Weise ist auch für die römisch bezifferten Profilschnitte vorzugehen und nur zu beachten, dass beim Uebertragen der hierzu gehörigen Eingriffstrecken, diese wie in dem früheren Verfahren, beim Eintragen in das Schneckenfeld — vergl. Fig. 11 Bl. II — um 180° zu wenden sind.

Die sinngemäfse Verwendung der hier für das Schneckenfeld benutzten Konstruktionselemente zur Bestimmung des Radzahnfeldes liefert letzteres genau so, wie früher S. 29 beschrieben, aber ebenso, wie das Schneckenfeld in der vorstehenden abgekürzten Darstellungsweise, ohne vorher irgendwelche Profilschnitte der Schnecken- und Radverzahnung zu verlangen.

Ursachen der Störung des regelrechten Schneckeneingriffes.

Die Gleichung (3) S. 38 für die Richtung der Profilnormalen

$$\operatorname{tg} \beta = \cos \varphi \operatorname{tg} \psi \mp \sin \varphi \operatorname{tg} \delta$$

gewährt einige wichtige allgemeine Einblicke in die verschiedenartigen Eingriffverhältnisse. Das +-Zeichen auf der rechten Seite gilt nach den vorangegangenen Erklärungen für die Schneckenschnittprofile der arabisch bezifferten Untersuchungsebenen, d. h. für die im Aufriss, Fig. 1 S. 6, vor dem Längsmittelschnitt liegende Schneckenhälfte, welche sich in das Rad hineindreht, das —-Zeichen für die andere.

Mit dem positiven Zeichen erhält man für tg β, also auch für β, mit einer einzigen Ausnahme Werte gröfser als null. Die Profillote schneiden daher den Schneckenteilriss und liefern nach der allgemeinen Verzahnungstheorie im Schneckenrade regelrechte Gegenprofilpunkte, die im allgemeinen auch noch in der Ausführungslänge der Radzahnflanken liegen, also zum Arbeitseingriff gelangen. Auch für den einen Ausnahmefall, der nur bei Cykloidenverzahnung, und zwar für den Teilrisspunkt des Längsmittelschnittes der Schnecke auftritt, wo $\varphi = 90^0$ und $\delta = 0^0$, also nach der Gleichung für tg β auch $\beta = 0$ wird und die Profilnormale mit dem Teilriss zusammenfällt, geht der Gegenprofilpunkt nicht verloren, sondern fällt seinerseits mit dem Schneckenprofil im gemeinschaftlichen Berührungspunkte der Teilrisse zusammen.

Für alle Profilschnitte in den römisch bezifferten Untersuchungsebenen führt aber die hierfür gültige Form der Gleichung $\operatorname{tg} \beta = \cos \varphi \operatorname{tg} \psi - \sin \varphi \operatorname{tg} \delta$ auch zu Nullwerten von β, sobald

$$\cos \varphi \operatorname{tg} \psi = \sin \varphi \operatorname{tg} \delta,$$

d. h.

$$\frac{\operatorname{tg} \psi}{\operatorname{tg} \delta} = \operatorname{tg} \varphi \quad \ldots \ldots \ldots \quad (6).$$

Damit rückt der Schnittpunkt der Profilnormalen auf dem zugehörigen Schneckenteilriss ins Unendliche, und die Kreisbahn des im Rade aufzusuchenden Gegenprofilpunktes verschwindet ebenfalls ins Unendliche, d. h. es giebt in diesem Falle überhaupt keinen wirklichen Gegenprofilpunkt. In der Nachbarschaft eines Punktes, für den $\beta = 0$ ist, fallen die Winkel β auf mehr oder minder grofsen Flankenstrecken meist noch so klein aus, dass mit dem weiten Abstande des Lotschnittpunktes auf dem Schneckenteilriss die theoretischen Eingriffpunkte zumteil weit aufserhalb des Schneckenradkopfkreises liegen und daher dann auch keinen Eingriff und keinen Gegenprofilpunkt mehr liefern. Dies tritt um so eher ein, je weiter die kritischen Schneckenprofilpunkte vom Schneckenteilriss entfernt sind. Betrachtet man Fig. 35 und 38 Bl. VIII und Bl. IX, so erkennt man, dass hier in beiden Fällen für Evolventen- wie für Cykloidenverzahnung in den rechts gelegenen Profilen, die zum römisch bezifferten Schnitt III—III gehören, Punkte vorhanden sein müssen, für die $\beta = 0$ wird, weil die Profilnormalen in den Punkten A' und A_1' nach entgegengesetzten Seiten von der Wagerechten abweichen.

Für Punkte der oberen Profilstrecke rückt der Schnittpunkt der Profilnormalen auf dem Schneckenteilriss um so weiter nach links, je mehr man sich dem Grenzwerte $\beta = 0$ nähert, umgekehrt für die untere Profilstrecke nach rechts. Beim Ueberschreiten des Nullwertes springt mit dem Zeichenwechsel von β der Normalenschnittpunkt auf dem Teilriss aus $+\infty$ in $-\infty$ um, wenn nicht etwa der Wendepunkt gerade im Teilriss selbst liegt. In diesem Falle wandert der Eingriffpunkt von dem gemeinschaftlichen Berührungspunkte der Teilrisse nur nach der einen Seite ins Unendliche. Vergl. Fig. 75 Bl. XVII.

Mit dem Richtungswechsel der Normalen und den auf entgegengesetzten Strecken des Schneckenteilrisses liegenden Schnittpunkten jeder der beiden Normalengruppen wechselt auch die Richtung, in welcher die Normalen zum Aufsuchen der Eingriff- und Gegenprofilpunkte bis zum gemeinschaftlichen Berührungspunkte der Teilrisse parallel zu sich selbst zu verschieben sind. Zu jeder Normalengruppe gehört daher ein gesonderter Zweig der Eingrifflinie, und diese beiden Zweige verlaufen asymptotisch zur Profilnormale im Wendepunkt in entgegengesetzten Richtungen des Schneckenteilrisses nach unendlich fernen Punkten. Die entgegengesetzte Punktfolge der getrennten Zweige der Eingrifflinie bedingt theoretisch auch getrennte Zweige der Gegenprofilkurven mit hin- und zurücklaufender Punktfolge des Eingriffes, wie an einigen später zu behandelnden Beispielen noch genauer nachgewiesen werden soll. Von derartigen doppelzweigigen Zahnprofilen ist praktisch nur der eine Zweig ausführbar, und zwar auch nur, soweit die Strecke des zugehörigen Zweiges der Eingrifflinie im gemeinsamen Bereich des Radzahnringes und der linearen Verschiebungsbahn des Schneckenschnittprofiles liegt.

Am verwickeltsten gestalten sich diese Verhältnisse für Cykloidenschnecken, weil hier das Mittelschnittprofil selbst schon aus zwei getrennten Cykloiden für die Kopf- und Fufsprofilirung besteht. In den Untersuchungsschnitten aufserhalb der Mittelebene, vorzüglich in den römisch bezifferten, verwischt sich diese Zusammensetzung nur für das Auge. Der Cykloidenkurvenschnitt III—III, Fig. 38 Bl. IX ist äufserlich in der allgemeinen Form des Kurvenverlaufes nicht wesentlich verschieden von dem Vergleichsschnitt der Evolventen, Fig. 35 Bl. VIII. Bei der Cykloidenverzahnung kann aber in einem und demselben Schneckenschnitt, sowohl für den Schneckenkopf, wie für den Schneckenfufs, also in zwei aus einander liegenden Flankenpunkten, der Winkel $\beta = 0$, d. h. für zwei verschiedene Werte von δ die Gl. (6) $\operatorname{tg} \varphi = \frac{\operatorname{tg} \psi}{\operatorname{tg} \delta}$ erfüllt werden. Ist dies innerhalb der Arbeitsstrecke des Profils der Fall, so treten in zwei getrennten Punkten desselben Schnittprofils die vorstehend erörterten Störungen des regelrechten Eingriffes auf, und die Profile arbeiten nur streckenweise mit Unterbrechungen richtig zusammen; vergl. Fig. 76 Bl. XVII. Fällt der eine Wendepunkt in den Teilriss, so gelangen relative Arbeitsflanken am Rade zum Eingriff, wie in Fig. 75 Bl. XVII.

Solange der Normalenwendepunkt des Schneckenprofilschnittes unterhalb des Schneckenteilrisses liegt, liefert die Zeichnung noch ein Gegenprofil im Schneckenrade, weil erst für den Wendepunkt des Schneckenprofils der Eingriff- und damit der zugehörige Gegenprofilpunkt der Radzahnflanke in die Unendlichkeit fällt, also auch bis zu diesem Punkte noch ein unendlich langes Zahnkopfprofil für die Schneckenfufsflante zur Verfügung steht[1]).

Von dem theoretisch unendlich langen Radzahnprofil kommt selbstverständlich nur die kurze innerhalb des Zahnringes liegende Strecke zum Angriff. Der Eingriff beginnt mit dem Zusammentreffen des Radzahnkopfes und der Schneckenflanke, und nach dem Vorstehenden muss der tiefste Punkt des Arbeitsprofils der Schnecke noch oberhalb des kritischen Wendepunktes liegen. Der Wendepunkt selbst und die tiefer nach dem Kern zu gelegenen Profilpunkte der Schneckenflanke kommen in diesem Fall als Arbeitspunkte überhaupt nicht inbetracht und bilden lediglich die Vertiefung der Lücke, durch welche sich der Radzahn ungehindert hindurchbewegt. Als Beispiel ist auf die Profile UV und RQ im Schnitt IV—IV, Fig. 6, Bl. I,, zu verweisen.

Sobald der Gegenprofilpunkt zum Kopfpunkte des Schneckenschnittes infolge der Kleinheit des Winkels β auf dem Radzahnprofil über den Kopfkreis hinausfällt, findet in der Ausführung kein Eingriff mehr statt. Aus diesem Grunde arbeiten beispielsweise die Flanken UV und RQ in den Schnittebenen V—V und VI—VI, Fig. 7 und 8 Bl. I, nicht mehr zusammen, während in den symmetrisch liegenden Schnitten 5—5 und 6—6 die Flanken OP und ST noch reichliche Arbeitsstrecken besitzen.

Die Gleichung der Profillotrichtungen für die arabisch bezifferten Schneckenschnitte

$$\operatorname{tg} \beta = \cos \varphi \operatorname{tg} \psi + \sin \varphi \operatorname{tg} \delta$$

liefert für die benutzbaren Profilstrecken vergleichsweise stets gröfsere Werte von β als für die römisch bezifferten Schnitte im gleichen Abstande von dem Längsmittelschnitt mit

$$\operatorname{tg} \beta = \cos \varphi \operatorname{tg} \psi - \sin \varphi \operatorname{tg} \delta,$$

und so müssen auch die hiervon abhängigen Längen der Eingriffstrecken und Arbeitflanken verschiedene Gröfsen aufweisen, wie das der Vergleich der Figuren 3 bis 8 Bl. I zeigt.

Fällt der Normalenwendepunkt des Schneckenschnittes in den Schneckenteilriss oder liegt er oberhalb desselben, so

[1]) Störungen des regelrechten Eingriffes, welche trotzdem durch den eigentümlichen Verlauf der Eingrifflinie in der Nähe des Radteilrisses auftreten können, sind gesondert nachträglich zu betrachten, um die verschiedenen Störungsursachen getrennt zu behandeln. Vergl. den Text, S. 57 bis 65 zu Fig. 42 bis 50.

tritt der weiter oben allgemein erörterte Fall, dass die Lage des Normalenwendepunktes im Schneckenschnittprofil den regelrechten Arbeitseingriff der Verzahnung unterbricht und die Eingrifflinie sich aus zwei getrennten, nach entgegengesetzten Seiten asymptotisch zum Schneckenteilriss verlaufenden Zweigen oder bei cyklischer Verzahnung sogar aus vier Zweigen zusammensetzt, praktisch in Erscheinung. Es hängt dann nur von den weiteren besonderen Verhältnissen ab, ob von einem der Zweige noch Punkte gleichzeitig im Bereich des ausgeführten Radzahnringes und der Durchgangsbahn der Schneckenflanken durch diese Ringzone liegen und dadurch wenigstens noch für einen Teil des Profilschnittes eine arbeitsfähige Gegenprofilstrecke erhalten wird, oder ob lediglich die relative Bahn des Schneckenprofiles, bezw. der Frässchnecke das ganze Flankenprofil des Radzahnes bestimmt. Die besonderen Verhältnisse werden weiter unten durch Beispiele erläutert.

In den bisherigen Untersuchungen wurde, abgesehen von einem kurzen Hinweis in der Einleitung auf Ausnahmen, stillschweigend vorausgesetzt, dass die Kopfbahnen des Rades und der Schnecke die Eingriffstrecke begrenzen, d. h. also der regelrechte Arbeitseingriff sich in jedem Radschnitt über die ganze Länge der Eingrifflinie bis zu diesen Grenzpunkten fortsetzt. Für die Arbeitsverhältnisse des Schneckengetriebes, Fig. 1 bis 12 S. 6, Bl. I u. II, sowie Fig. 15 bis 27 Bl. III bis V, trifft diese Annahme zu, ohne im übrigen allgemeine Gültigkeit zu haben. Zur Feststellung und Erklärung der Ausnahmen greife ich zunächst den einfachsten, aus sonstigen Untersuchungen bekannten Fall heraus.

In Fig. 42 S. 58 ist eine Evolventenzahnstange im Eingriff mit einem Stirnrade gezeichnet. Die Eingrifflinie ABC ist unter 15^0 gegen den Teilriss T_s der Zahnstange geneigt und wird im Punkte C durch die zu T_s parallele Bahn des Zahnstangenkopfpunktes K, in A durch die Kreisbahn des Radzahnkopfes G begrenzt. Der Radzahnfufs ist innerhalb des Evolventengrundkreises, welcher die Eingrifflinie in B berührt, in üblicher Weise zur Ausbildung des Lückenprofils für den Durchgang des Zahnstangenkopfes durch die radial gerichtete Flanke FH gebildet. Der Radzahnkopf OG arbeitet mit der Fufsflankenstrecke OE der Zahnstange in den Feldern 4 bis über 7 hinaus zusammen. Verschiebt man die Zahnstange aus der augenblicklichen Eingrifflage im gemeinschaftlichen Berührungspunkte O der Teilrisse nach links, so gelangen die beiderseitigen Flankenfelder 3, 2 und 1 nach einander zum Eingriff, während der Eingriffpunkt selbst mit der Umfangsgeschwindigkeit des Evolventengrundkreises von O nach B wandert, wo die Flankenpunkte F und J zusammentreffen. Jeder Lage des Eingriffpunktes auf der im Raume festliegenden Geraden AC entspricht inbezug auf die sich drehende Radebene eine relative Lage in dieser, d. h. der augenblickliche Eingriffpunkt der Radzahnflanke. Der auf AC mit gleichförmiger Geschwindigkeit fortwandernde Eingriffpunkt beschreibt durch seine relative Bahn in der Radebene das Radzahnprofil, das man in der sich drehenden Ebene aufgezeichnet erhalten würde, wenn man den wandernden Eingriffpunkt als Zeichenstift ausbildet. Diese relative Bahn ist eine

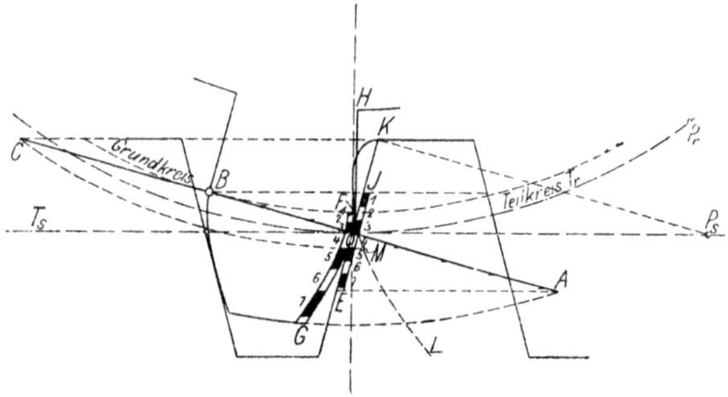

Fig. 42.

Evolvente zum Grundkreise, die man beim Aufzeichnen der Profile bekanntlich am einfachsten dadurch gewinnt, dass man die Eingrifflinie auf den ruhenden Grundkreis niederwälzt. Der auf dem Grundkreise liegende Fufspunkt F der Evolvente, welcher mit J in B zum Eingriff gelangt, bildet den Endpunkt der Evolvente GOF. Schiebt man die Zahnstange über den Eingriffpunkt B weiter hinaus, so entfernen sich die Eingriffpunkte, die sich bis dahin dem Mittelpunkte des Rades stetig genähert hatten, von ihm wieder in dem Mafse, wie ihr Abstand vom Grundkreise auf der Strecke BC zunimmt, und es muss sich daher auch die relative Bahn des weiterwandernden Eingriffpunktes in der Radebene, d. h. die Fortsetzung der Zahnprofilirung, nunmehr vom Grundkreise entfernen. Dem entspricht ein neuer Evolventenzweig FL, welchen man in der Zeichnung erhält, wenn man die Eingriff-linie BO mit O als erzeugendem Punkt über die Berührungslage in F, dem Endpunkte des ersten Evolventenzweiges, auf dem Grundkreise weiter niederwälzt, wobei sich O auf der Bahn FL in entgegengesetzter Krümmung zu GF vom Grundkreise fortbewegt.

Um den zum Zahnstangenkopf gehörigen Gegenprofilpunkt des Zahnrades zu erhalten, kann man auch die allgemeine Verzahnungskonstruktion anwenden. Man hat dann die gemeinschaftliche Berührungsnormale OC des Eingriffpunktes C für das Zahnrad in ihre der Lage des Zahnstangenkopfes K entsprechende Anfangslage dadurch zurückzudrehen, dass man den Punkt C auf seiner Radkreisbahn und den Punkt O auf dem Teilkreise T_r bis P_r nach rechts verschiebt, wobei die Länge des Wälzungsbogens OP_r gleich der Verschiebungsstrecke des Zahnstangenteilrisses aus der Anfangslage des Zahnstangenkopfes K bis zu seiner Eingrifflage C, d. h. $= KC$ d. i. $= OP_s$ ist. Aus dieser Darlegung ergiebt sich nach der vorangegangenen Bestimmung des Punktes P_r der Profilpunkt M des Radzahnes, der theoretisch mit dem Zahnstangenkopf K in C zum Eingriff gelangt, durch den Schnittpunkt des um P_r mit OC geschlagenen Kreises auf der durch C geführten Radkreisbahn.

Die Figur lässt klar erkennen, dass eine Ausführung des zum Radzahnkopf JK gehörigen Radzahngegenprofiles FM unmöglich ist, weil die rückläufige Profilstrecke in die Zahnlücke fällt, welche für den Stangenzahn frei bleiben muss. Es fehlt daher in Wirklichkeit an einem Gegenprofil für den Zahnstangenkopf JK, und der Getriebeeingriff erstreckt sich nicht auf die ganze Länge AC, sondern nur auf die Strecke AB. Die Verlängerung des Zahnstangenkopfes über J hinaus ist nicht nur zwecklos, sondern auch störend.

Die Lage von B hängt unter sonst gleichen Verhältnissen von der Gröſse des Radkreises, also von der Zähnezahl ab, und B rückt um so näher an O heran, d. h. die Eingriffstörung tritt um so eher auf, je kleiner die Zähnezahl ist. Im vorliegenden Falle und in dem hiermit übereinstimmenden der Mittelschnittprofilirung von Evolventenschnecken wird die Ausführungsgrenze bei 0,3 t Zahnkopfhöhe mit 28 Zähnen im Rade erreicht, wenn man für die Trapezform der Zahnstangen- oder Schneckenprofile die übliche Neigung von 75° wählt. Bei kleinerer Zähnezahl ist die Zahnstangenkopfhöhe, bezw. die Kopfhöhe der Schnecke im Mittelschnitt durch die Parallele BJ zum geraden Teilriss zu begrenzen. Aber dieses Aushülfsmittel für den Längsmittelschnitt der Schnecke reicht, wie wir sehen werden, nicht aus, um ähnliche Störungen in den Seitenschnitten der Schnecke zu verhüten, und es ist daher noch weiter zu untersuchen, welche Folgen sich aus der überschüssigen Kopfhöhe *JK* ergeben. Zu diesem Zweck ist die relative Bahn des Kopfpunktes *K* in der Radzahnlücke zu verfolgen. Die Konstruktion der relativen Kopfbahn ist durch Fig. 43 für den zum Radzahn gehörigen Fräserkopf *K'* erläutert.

Im Laufe des Eingriffes fallen die gleichnamigen Teilrisspunkte *aa'*, *bb'* usw. paarweise nach einander im gemeinsamen Berührungspunkt *O* der Teilrisse zusammen und bilden jeweilig den augenblicklichen Wälzungsmittelpunkt des Ein-

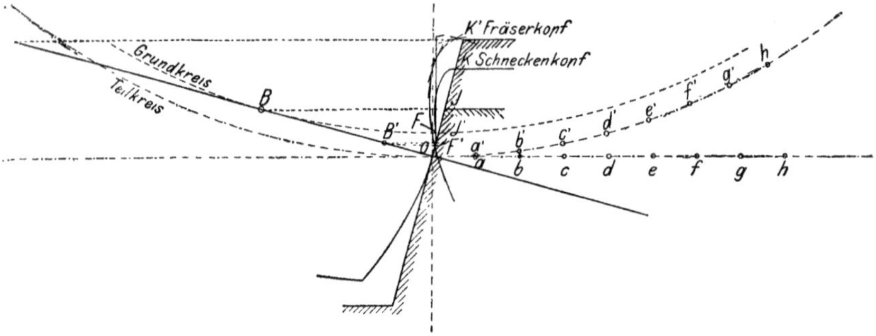

Fig. 43.

griffes. Trifft *a* mit *a'* zusammen, so bildet der Abstand *K'a* des Fräserkopfes vom Stangenteilriss vorübergehend auch den Abstand dieses Punktes von *a'* inbezug auf den Radteilkreis in der Zahnlücke, und *K'* beschreibt mit *K'a* ein Kreisbogenelement um *a'*. Man hat daher nur mit *OK'*, *aK'*, *bK'* usw. der Reihe nach um *O*, *a'*, *b'* usw. Kreisbogen zu schlagen, um die gesuchte Relativbahn durch diese Umhüllungsbogen in ihrem ganzen Verlauf zu bestimmen.

In gleicher Weise erhält man auch die relative Bahn des Kopfpunktes *K* für den Arbeitszahn, die im vorliegenden Fall im Eingriffpunkt *F* des regelrecht zum Angriff gelangenden Punktes *J* am Gegenprofil in das wirkliche Arbeitsprofil einmündet, während die Fräserbahn den Zahnfufs noch tiefer unterschneidet und dadurch dem Zahnkopf *K* zwar vollständig reibungsfreien Durchtritt gewährt, gleichzeitig aber auch noch eine Strecke des sonst nutzbaren, richtigen Arbeitsprofiles fortnimmt. Die Folge ist eine weitere Verkürzung der Eingriffstrecke auf die Länge OB', und zwar um so bedeutender, je höher der Fräserkopf im Verhältnis zum Zahnkopf ist. Man hat daher den Durchmesser des Fräsers auf das kleinste zulässige Mafs für den Kopfspielraum des Getriebes zu beschränken[1]). Das gilt ganz besonders für Schneckengetriebe, weil hier ohnehin der Unterschied zwischen der Kopfhöhe des Fräsers und der Arbeitsschnecke für die Seitenschnitte im Verhältnis zum Längsmittelschnitt zunimmt. Vergl. z. B. Fig. 3 bis 8 Bl. I.

Ferner ist noch darauf hinzuweisen, dass bei spielfreiem Eingriff oder bei wechselnder Drehrichtung auch der zweite gegenüberliegende Zahnkopfpunkt der Stange in der andern Flanke der Radzahnlücke die symmetrisch liegende relative Bahn beschreibt und frei finden muss.

In gewissem Sinne kann man eine solche relative Kopfbahn, falls sie dicht anschmiegend ausgeführt wird, auch als ein Arbeitsprofil bezeichnen; denn sie ist geeignet, die Bewegungsübertragung zu übermitteln, wenn auch unter den ungünstigsten, von den regelrechten Arbeitsprofilen wesentlich verschiedenen Bedingungen.

Die Aehnlichkeit zwischen beiden Fällen besteht darin, dass das regelrechte Radzahnprofil zu einem gegebenen Zahnstangen- oder Schneckenprofil sich auch als Umhüllungsform aller relativen Lagen darstellt, die letzteres im Radkörper einnimmt, also sich aus einer Reihe von Relativbahnen zusammensetzt; aber die einzelnen Berührungslagen treffen hierbei in Schmiegungselementen, d. h. in tangentialen Profilelementen zusammen, und diese wechseln unter dem wälzenden Vorgange des Zahneingriffes in unablässiger Folge an beiden Flanken: eine für die Schonung der einzelnen Elemente und für den freien Zutritt des Schmierstoffes wesentliche Vorbedingung. An den relativen Kopfbahnen oder den relativen Bahnen sonstiger einzelner Flankenpunkte vollzieht sich dagegen der Angriff zwischen einem einzigen Punkt und der ganzen ausgeführten Bahnstrecke ohne Wälzung. Die kratzende Wirkung

---

[1]) Da bei Schneckengetrieben eine Aenderung des Achsenabstandes durch Lagerverschleifs bei der geringen Umdrehungszahl des Schneckenrades und den langen Laufflächen der Schneckenlager, welche die Wärmeableitung erfordert, nicht zu befürchten ist, kommt man hier mit etwa 1 bis 2 mm Kopfspielraum im Mittelschnitt aus.

steigert den beiderseitigen Verschleifs ferner noch dadurch, dass hierbei gleichzeitig der Schmierstoff durch die Eingriffkante selbst abgestreift wird. Die auftretende Formänderung der Profile wirkt vorzüglich bei Schnecken durch den ständigen Wechsel der Drehlage der einzelnen Profilschnitte von den Erzeugungsstellen weiter auf andere Punkte des Eingriffes in höchst nachteiliger Weise zurück. Die Praxis liefert nicht wenige Beispiele, in denen durch fortschreitenden Verschleifs auch die ursprünglich richtigen Arbeitsprofile vollständig verloren gehen und sich allmählich ebenfalls in reine Relativbahnprofile verwandeln.

Die Ursache der für das gewählte Beispiel auftretenden Störung des regelrechten Eingriffes ist nicht an den Sonderfall der geradlinigen Eingriffstrecke gebunden, sondern wirkt auch in gleicher Weise bei jeder andern beliebig gekrümmten Form der Eingrifflinie, sobald sich diese zwischen ihren Grenzpunkten, die durch die Kopfbahnen der Verzahnung festgelegt sind, dem Radmittelpunkt nähert und dann wieder von ihm entfernt. In jedem derartigen Fall bildet der dem Radmittelpunkt am nächsten liegende Punkt der Eingrifflinie bereits die Grenze des regelrechten Eingriffes, und zu der darüber hinausgehenden Strecke gehört ein unausführbares rückläufiges Radzahnprofil, an dessen Stelle relative Bahnkurven für den freien Durchgang des Gegenzahnes treten.

Ein Beispiel für diesen allgemeineren Fall liefern die Eingriffverhältnisse, Fig. 44 bis 50 Bl. XI, für eine doppelgängige Evolventenschnecke von $^7/_8$" engl. = 22,225 mm Teilung, $1^3/_4$" engl. = 44,45 mm Steigung, mit dem Abstand des Schneckenteilrisses von der Achse $r = 17$ mm, 22 mm Kern- und 44 mm äufserem Durchmesser für ein Rad mit 24 Zähnen und 170 mm Teilkreisdurchmesser.

Die Steigung der Schnecke beträgt im Teilriss rd. 22°35'[1]).

Der ungestörte Eingriff im Mittelschnitt, Fig. 44, ist bei der kleinen Zähnezahl durch Beschränkung der Zahnkopfhöhe auf $0{,}225\, t = 5$ mm gesichert.

Diese Mafsnahme genügt auch für alle übrigen arabisch bezifferten Schnitte 2—2 bis 5—5, Fig. 45 bis 48, in denen durchweg regelrechter Eingriff unter verhältnismäfsig günstigem spezifischem Gleiten stattfindet, und liefert aufserdem ein hinreichend stumpfes Zahnprofil im kritischen Schnitt

---

[1]) Die Profilschnitte, Fig. 44 bis 48, sind in doppelter natürlicher Gröfse, die Eingrifffelder, Fig. 49 und 50, in wirklicher Gröfse wiedergegeben.

4—4, Fig. 47. In den römisch bezifferten Schnittebenen sind, wie allgemein nachgewiesen, so auch hier die spezifischen Gleitverhältnisse wesentlich ungünstiger, und die ganze Arbeitsflanke des Radzahnprofiles *UV* im Schnitt IV—IV, Fig. 47, gelangt blofs mit dem ganz kurzen, fast auf einen Punkt zusammengeschrumpften, schwarz angelegten Felde des Schneckenkopfes in Eingriff. Vollkommen regelrechter Eingriff ist in den römisch bezifferten Ebenen nur noch in II—II, Fig. 45, vorhanden.

Im Schnitt III—III, Fig. 46, nähert sich die Eingrifflinie vom Teilrisspunkt *G* im oberen Zweige bis zum Punkte *B* dem Mittelpunkt des Rades und entfernt sich in der letzten Strecke *BK* wieder von ihm. Es scheidet daher die Strecke *BK* für den thatsächlichen Eingriff vollständig aus, und das in der Schneckenflanke *QR* oberhalb der letzten Arbeitsstrecke 1 liegende Kopfprofil gelangt überhaupt nicht zum Eingriff, weil die punktirt angedeutete relative Kopfbahn des Fräserkopfes den Zahnfufs des Rades noch tiefer unterschneidet als die Kopfbahn der Arbeitschnecke, welche zum Vergleich ebenfalls punktirt eingetragen ist. Die theoretisch richtige Verlängerung des Radzahnprofiles für die Eingriffstrecke *BK* setzt an der Flanke *UV* im Endpunkt des Feldes 1 an und bildet die Verlängerung der relativen Kopfbahn des Fräsers nach unten. Diese reicht in der Figur noch mit einer kurzen, in der Zeichnung nur mit Hülfe der Lupe erkennbaren Spitze in das Feld 2 der Schneckenflanke hinein und liefert ein nicht ausführbares rückläufiges Profil.

Im Schnitt IV—IV, Fig. 47, verlaufen die Profillote des Schneckenkopfes oberhalb des Schneckenteilrisses so flach geneigt, dass die zugehörige Eingriffstrecke *GK* ganz aufserhalb des Radteilkreises bleibt und der kritische, dem Rad mittelpunkt am nächsten liegende Punkt *B* demnach für diese Eingriffstrecke mit dem gemeinschaftlichen Berührungspunkt *G* der Teilrisse zusammenfällt. Das theoretische Arbeitsgegenprofil zum Schneckenkopf würde daher in diesem Fall in einer rückläufigen Radzahnkurve bestehen, die im Teilkreispunkt des schwarzumränderten Zahnkopfes ansetzt und in die Radzahnlücke, wie punktirt angedeutet, bis zum Schnittpunkt *M* der durch *K* gezeichneten Radkreisbahn hineinreicht. Beim Fräsen des Rades bildet sich auch hier stattdessen die Vertiefung der Zahnlücke nach der relativen Kopfbahn des Fräsers aus, die ebenfalls punktirt eingetragen ist.

Die unterhalb des Schneckenteilrisses liegende Eingriffstrecke *GL* liefert regelrechte Arbeitsflanken, 1 und 1, die aber wegen des flachen Verlaufes der Eingrifflinie von sehr verschiedener Länge sind.

Im Schneckenschnitt V—V, Fig. 48, fällt der Normalenwendepunkt des nach oben verlängerten Schneckenprofiles in den Teilriss und der Gegenpunkt damit in die Unendlichkeit. Die Gegenprofilpunkte des nur unterhalb des Teilrisses liegenden Schneckenprofiles QR bilden die unausführbare rückläufige Zahnkurve VU', weil die nicht gezeichnete Eingriffstrecke in der Figur nach links hinüberfällt. Die punktirte Radzahnflanke VU entsteht lediglich durch die Relativbahnen der Angriffschneiden des Frässchneckenkopfes, von dem hierbei der Teilrisspunkt des Fräsers die Zahnform des Rades unterhalb des Teilrisses bestimmt.

Die Verkleinerung des Eingrifffeldes der Schnecke durch die Verkürzung der Eingriffstrecken ist in Fig. 50 wiedergegeben, in welche die Grundrissprojektionen der Eingrifflinien aus Fig. 44 bis 48 wie früher in der Weise sinngemäfs eingetragen sind, dass die Eingriffstrecken der römisch bezifferten Schnitte um 180^0 gewendet erscheinen.

Das wirkliche Eingrifffeld bleibt auf die Projektionsfläche $H_1\ H_2\ H_3\ H_4\ H_5\ J_5\ J_4\ J_3\ J_2\ J_I\ K_{II}\ B_{III}\ B_{IV}\ L_{IV}\ L_{III}\ L_{II}$ beschränkt, während es sich nach der Begrenzung der Eingrifflinien durch die Kopfbahnen der Schnecke in den römisch bezifferten Schnitten bis zur punktirten Grenzkurve $K_{II}\ K_{III}\ K_{IV}$ ausdehnen, also wesentlich gröfser ausfallen würde.

Das zugehörige Radzahnfeld, Fig. 49, ist nur für die wirklichen Eingriffverhältnisse entworfen und spiegelt in dem starken Zurückweichen vom äufseren Schneckenkreise ebenfalls den Einfluss der verkürzten Eingriffstrecken wieder.

In der Schneckenhälfte jenseits des Längsmittelschnittes, die sich aus dem Rade herausdreht, hört der Eingriff bereits in unmittelbarer Nähe der Schnittebene IV—IV auf. Der Feldpunkt B_{IV} ist durch die Untersuchung noch genau festgelegt. Zur Ermittlung des Feldverlaufes jenseits IV—IV müssten noch ein oder mehrere Schnitte in unmittelbarer Nähe gelegt werden, auf deren Durchführung hier verzichtet ist, weil das Feld jedenfalls nur wenig über IV—IV hinausfällt. Die unbestimmte Begrenzung deutet den Mangel einer schärferen Bestimmung auf dieser Seite an.

Fig. 50 zeigt, dass auch hier die Ausführungslänge der Schnecke kürzer als das Schneckenfeld ist, aber durchaus sachgemäfs den wesentlichen Teil des Feldes vollkommen ausnutzt und durch die Kürzung nur die ungünstigsten spezifischen Gleitstrecken der Radzahnköpfe in den Schnittebenen III—III und IV—IV etwas vermindert.

Da zu einer bestimmten Schnecke, unabhängig vom eingreifenden Rade, in den einzelnen Schnittebenen Eingrifflinien von bestimmter Kurvenform gehören, ist die Lage des kritischen Punktes *B*, Fig. 46, genau so wie bei der gewöhnlichen Zahnstange in jedem einzelnen Fall abhängig vom Durchmesser des Radteilkreises, und die nutzbare Eingriffstrecke verkürzt sich für den Schneckenkopf mit der Abnahme der Zähnezahl.

Für verschiedene Schnecken ist die Lage des kritischen Punktes *B* abhängig von dem Verlauf der Eingrifflinie und rückt um so näher an den gemeinschaftlichen Berührungspunkt der Teilkreise oder fällt sogar, wie in Fig. 47, mit diesem zusammen, wenn sich die Eingrifflinie nur wenig vom Schneckenteilriss entfernt. Dies ist in den römisch bezifferten Schnittebenen umsomehr der Fall, je steiler die Gewindesteigung gewählt wird, wie ein Vergleich der Figuren 46 und 47 für die Schnecke mit dem Steigungswinkel $22^0\,35'$ im Teilriss mit den Figuren 5 und 6 Bl. I für die zuerst untersuchte Schnecke zeigt, deren Steigungswinkel nur 18^0 betrug.

Hiernach sind die gleichen Störungsursachen des regelrechten Eingriffes wie in dem zuletzt untersuchten Getriebe auch bei reichlicher Zähnezahl des Rades zu erwarten, wenn die Schneckensteigung entsprechend vergröſsert wird.

Den Beweis hierfür liefern die Figuren 51 bis 53 Bl. XII, welche sich auf eine viergängige Schnecke mit 30 mm Teilung, 120 mm Steigung, 40 mm Teilrissabstand von der Schneckenachse, 62 mm Kern- und 96 mm äuſserem Durchmesser für ein Rad mit 44 Zähnen und 420 mm Teilrissdurchmesser beziehen, wobei der Schneckensteigungswinkel im Teilriss $25^0\,30'$ beträgt.

Das Rad ist in der Ausführung nach der Mantellinie *CF*, Fig. 53, cylindrisch abgedreht, greift also in den Schneckenquerschnitt nur auf geringe Tiefe ein. Um einen besseren Vergleich mit den sonstigen Ausführungen zu bieten, ist aber auch die abgeänderte schräge Zahnform *DCFE* untersucht. Von den einzelnen Zahnprofilschnitten ist nur der für die kritische durch die Eckpunkte *D* und *E* in Fig. 53 gelegte Schnitt, Fig. 51, wiedergegeben, welcher zeigt, dass die mituntersuchte Radzahnvergröſserung zwar noch möglich ist, aber die Zahnform in diesem entscheidenden Schnitt doch schon so spitz ausfällt, dass es sich empfehlen würde, nicht ganz bis an diese äuſserste Grenze zu gehen.

Die voll ausgezogenen Umgrenzungen entsprechen der Originalausführung, die gestrichelten dem vergröfserten Zahnfelde. Im Original bleibt das Eingrifffeld der Schnecke, Fig. 52, auf $B_V B_{IV} K_{III} K_{II} J_1 J_2 \ldots J_6 H_6 H_5 \ldots H_2 H_1 L_{II} \ldots L_{IV}$ L_V beschränkt, die Vergröfserung des Radzahnes dehnt das Feld dagegen links bis $J_7\ H_7\ H_6'\ H_5' \ldots H_2' \ldots H_I\ L_{II}' \ldots L_V'$ aus, und auch der gestrichelt schraffirte Zuwachs des Zahnfeldes Fig. 53 ist beträchtlich.

Unabhängig von der Gröfse des Radzahnes wird die Eingrifflänge der Schneckenköpfe durch den flachen Verlauf ihrer Eingrifflinien in den römisch bezifferten Ebenen verkürzt. In dem Schnitt, Fig. 51, scheidet die ganze Eingriffstrecke GK aus, weil sie vollständig aufserhalb des Radteilkreises liegt und der kritische, dem Radmittelpunkt am nächsten liegende Punkt dieser Strecke mit dem Teilrisspunkt G zusammenfällt. Für die Schnitte V—V und IV—IV kommt ähnlich wie in Fig. 46 Bl. XI durch den Abstand des kritischen Punktes B von G noch eine Strecke der Eingrifflinie zur Geltung. Reichte der Eingriff in diesen Schnittebenen bis an die Schnittpunkte der Schneckenkopfbahnen mit den Eingrifflinien, so würde sich das Schneckenfeld, Fig. 52 Bl. XII, von K_{III} aus über K_{IV} in der Richtung der punktirten Grenzkurve fortsetzen und sich erst in K_V umwenden.

Die ausgeführte Schneckenlänge nutzt das Schneckenfeld auch bei Wahl der gröfseren Radzahnfläche gut aus und verzichtet nur auf das schmale Eingriffgebiet des linken Feldendes in den römisch bezifferten Ebenen.

Ermittelt man für verschiedene Drehlagen der Schnecke durch Verschieben einer Gewindepause über den Grundriss des Eingrifffeldes der Schnecke, Fig. 52, die jeweilige Gesamtlänge der Flankenkurven, in welchen der Eingriff der einzelnen Gänge gleichzeitig erfolgt, so genügt für die viergängige Schnecke die Beschränkung der Untersuchung auf eine Viertelumdrehung, weil hiernach der Periodenverlauf des Eingriffspieles sich in gleicher Weise wiederholt. Mit Intervallen von $^1/_{20}$ Drehung, d. h. einer Verschiebung der Gewindepause um je 6 mm bei der Ganghöhe von 120 mm erhält man folgende Werte:

a) für die Ausführung mit cylindrisch abgedrehtem Zahnkranz mit dem Durchmesser des Radmittelschnittes

90	87	97	98	112

durchweg dreigängige Berührung.

Der gröfste Unterschied der Eingrifflängen beträgt 25 mm, die mittlere Berührungslänge für den gleichzeitigen Eingriff 97 mm und die gröfsten Abweichungen hiervon bleiben auf 97 — 87 = 10 mm bezw. 112 — 97 = 15 mm beschränkt.

b) für die Ausführung mit konzentrischer Umspannung des Schneckenkernes und kegelförmig abgedrehten Seitenflächen des Radkranzes

117 115 112 108 — 130

gleichzeitige Berührung in drei, bezw. in vier Gängen.

Der gröfste Unterschied der Eingrifflängen beträgt 22 mm, die mittlere Länge der Flankenkurven gleichzeitigen Eingriffes 116 mm und diese wird in den äufsersten Schwankungsgrenzen nur um 116 — 108 = 8 mm unter-, bezw. um 130 — 116 = 14 mm überschritten.

Das Verhältnis der Mittelwerte entspricht für die beiden verschieden grofsen Eingrifffelder 97 : 116 = 0,83 angenähert 4 : 5.

Auch hier mildert die Kürze des Eingrifffeldes durch cylindrisches Abdrehen des Schneckenrades bis auf den Durchmesser seines Mittelschnittes das spezifische Gleiten in den Zahnflanken der römisch bezifferten Schnittebenen — vergl. Fig. 51 Bl. XII — und der Verlust inbezug auf die Gesamtlänge des gleichzeitigen Eingriffes ist sogar verhältnismäfsig geringer als, bei der früher S. 32 untersuchten eingängigen Schnecke, Fig. 25 Bl. V, aber das ganze Eingrifffeld hat im vollen, wie im gekürzten Zustande eine ungünstige Form.

Die Kürze und Verjüngung des Schneckenfeldes in den arabisch bezifferten Schnittebenen, in denen an sich die günstigsten Eingriffverhältnisse obwalten, und die schlechten Verhältnisse in den römisch bezifferten Ebenen sind allen steilgängigen Schnecken eigentümlich und entspringen zwei verschiedenen, gleichzeitig wirkenden Ursachen.

In den arabisch bezifferten Ebenen Bl. XI neigen sich die Schnittprofile mit zunehmendem Abstande vom Mittelschnitt 1—1 mehr und mehr gegen den Schneckenteilriss; in eben dem Mafse wächst anderseits die Steilheit der zugehörigen Profillote, und damit verkürzen sich die Eingriffstrecken.

In den römisch bezifferten Ebenen nehmen umgekehrt die Schnittprofile mit zunehmendem Abstande vom Mittelschnitt 1—1 in den inbetracht kommenden Strecken sehr steile Formen an, die Profillote verlaufen daher ebenso wie die zugehörigen Eingrifflinien nahezu in der Richtung des

Schneckenteilrisses, aber diese günstigen Vorbedingungen für lange Eingriffstrecken gehen anderseits dadurch verloren, dass nach den vorstehenden Untersuchungen die zu den Schneckenkopfprofilen gehörigen Eingriffstrecken für den wirklichen Eingriff wegen der Lage des kritischen Punktes B teilweise oder ganz ausscheiden. Auch die entgegengesetzt liegenden Eingriffstrecken können nicht mit Vorteil ganz ausgenutzt werden, weil sie sich über eine sehr geringe Breite erstrecken und die geringe Verminderung der spezifischen Pressung den Nachteil des starken spezifischen Gleitens, sowie die bedenklichen Einflüsse kleiner Montirungsfehler bei langen Schnecken nicht aufwiegt.

Ferner ist darauf aufmerksam zu machen, dass die steile Richtung der Profillote in den arabisch bezifferten Schnittebenen der steilgängigen Schnecken mit einer nachteiligen Erhöhung des Zahndruckes verbunden ist.

Hiernach erscheint die Anwendung sehr steilgängiger Schnecken nicht vorteilhaft für die Lebensdauer der Getriebe, falls man nicht die spezifische Belastung erheblich beschränkt. Die Grenze, bei welcher die störenden Eigenschaften in den Vordergrund treten, liegt etwa bei 18 bis 20° Steigungswinkel im Teilriss, und ich empfehle, womöglich unter dieser Grenze zu bleiben.

Vergleich zwischen einer eingängigen und einer doppelgängigen Evolventenschnecke mit gleicher Teilung für Räder mit gleicher Zähnezahl.

In Fig. 54 bis 60 Bl. XIII sind die Profilschnitte und Eingriffverhältnisse, sowie das Eingrifffeld der Schnecke und des Radzahnes für eine eingängige Evolventenschnecke mit dem Teilrissabstand r gleich der Steigung $t_1 = 13\pi = 40{,}8$ mm, dem Steigungswinkel im Teilriss $\alpha =$ rd. 9°, bei $0{,}3\,t =$ rd. 12 mm Kopf- und $0{,}4\,t = 16$ mm Fufslänge im Mittelschnitt für ein 30zähniges Rad von 390 mm Teilkreisdurchmesser entworfen [1]). Die Zahnköpfe der Randzonen des Rades sind cylindrisch abgedreht. Die vollausgezogenen Umgrenzungen des Zahn- und Schneckenfeldes, wie die ebenfalls vollausgezogenen Zahnkopfkreise beziehen sich auf diese Ausführungsform, während die Beschränkung des Zahnfeldes durch die seitliche Abschrägung nach

[1]) Die Profilfiguren 55 bis 59 sind in wirklicher, die Eingrifffelder, Fig. 54 und 60, in halber Gröfse wiedergegeben.

den Kegelseiten EF' und DC', sowie die davon abhängige Verkürzung der Radzahnköpfe in den Schnitten 4—4 und 5—5, Fig. 58 und 59, und schliefslich auch die Verkürzung des Schneckenfeldes in Fig. 60 durch gestrichelte Linien angegeben ist. In beiden Fällen ist die Umspannung des Schneckenquerschnittes durch den Radkranz nach den Stribeckschen Angaben, S. 26, bis zur zulässigen Grenze ausgedehnt.

Die spezifischen Gleitverhältnisse lassen erkennen, dass die reichliche Kopfhöhe der Verzahnung 0,3 t, anstelle der von mir schon im ersten Beispiel empfohlenen 0,25 t, im Beginn und am Ende des Eingriffes der Zähne die spezifischen Gleitwerte ziemlich weit steigert, was durch Erniedrigen oder schwaches Abrunden der Köpfe leicht zu mildern wäre. Das Schneckeneingrifffeld, Fig. 60, erhält bei der geringen Steigung des Gewindes eine ziemlich symmetrische Gestalt und fällt sehr voll aus, liefert also auf jedem Schneckengange eine lange Berührungskurve für die Punkte gleichzeitigen Eingriffes. Auch das Eingrifffeld des Radzahnes, Fig. 54, bedeckt fast die ganze Zahnflanke, und die Vergröfserungen der beiden Felder durch die cylindrische Form der äufseren Radzonen lassen sich in diesem Falle ohne störende Verlängerung der Schnecke voll ausnutzen.

Zum Vergleich sind in Fig. 61 und 62 Bl. XIV die Eingrifffelder der Schnecke und des Radzahnes für eine doppelgängige Evolventenschnecke mit genau gleicher Teilung und sonst gleichen Abmessungen wiedergegeben, die ebenfalls mit einem 30zähnigen Rade zusammenarbeitet, dessen Durchmesser wie im ersten Fall 390 mm beträgt[1]). Für dieses Getriebe ist die Steigung $2\,t = 81{,}6$ mm und der Steigungswinkel im Teilriss α rd. $= 17^0\,40'$.

Der Vergleich zeigt, dass das Zahnfeld nahezu ebenso grofs wie im ersten Falle ist; nur das Schneckenfeld ist etwas unsymmetrischer und schlanker, sonst aber von ziemlich gleicher Länge. Es erleidet daher auch die Gesamtlänge der Linien gleichzeitigen Eingriffes nur eine mäfsige Einbufse. Die Zahndruckrichtungen, welche von der Form und Neigung der Eingrifflinien abhängen und die Gröfse des Zahndruckes in den Radschnitten bestimmen, weichen, wie eine nähere Untersuchung ergiebt, in beiden Fällen noch nicht erheblich von einander ab, sodass bei gleicher Gesamtbelastung der Triebwerke die doppelgängige Schnecke nur eine

---

[1]) Fig. 61 und 62 sind in halber Gröfse wiedergegeben und daher unmittelbar mit Fig. 54 und 60 vergleichbar.

verhältnismäfsig geringe Steigerung der spezifischen Pressung durch die Zahndruckkomponente in der Radebene erleidet.

Bei gleichem Umfangswiderstand in den beiden gleich grofsen Rädern und gleicher Umfangsgeschwindigkeit leistet die doppelgängige Schnecke, von Reibungsverlusten abgesehen, dieselbe mechanische Arbeit wie die eingängige bei halber Umdrehungszahl. Unter diesen Umständen ist die Arbeit der Flankenreibung in den Radschnittebenen etwa nur halb so grofs. Die Arbeit in der Richtung der Schraubenlinien sinkt nicht ganz auf die Hälfte, weil der Zahndruck senkrecht zu den Flanken im Verhältnis zur Umfangskraft des Rades mit der Steilheit des Gewindes wächst, wodurch auch gleichzeitig die Lager stärker belastet werden, und weil aufserdem die Länge des steileren Schraubenganges, d. h. der Reibungsweg in der Richtung der Schraubenlinien, gröfser ist als bei der eingängigen Schnecke. Diese Verschiedenheit ist für dicke Schnecken verhältnismäfsig kleiner als für schwache. Immerhin ist nach diesen Erwägungen und nach den bekannten praktischen Erfahrungen der Gesamtverlust durch Reibungsarbeit für steilgängige Wurmgetriebe erheblich geringer, als bei flacher Steigung, während sich die Feldgröfse des Eingriffes und das spezifische Gleiten der Zahnflanken zwar mit zunehmendem Steigungswinkel allmählich verschlechtern, aber erst bei sehr steilen Gewinden die sonstigen Vorteile aufheben.

Die vorliegenden Untersuchungen zeigen, dass Evolventenschnecken bis etwa 18° Steigung im Teilriss gute Verhältnisse liefern. Bis zu dieser Grenze verdienen steilgängige Schnecken den Vorzug, solange nicht andere Rücksichten auf starke Uebersetzung oder auf Selbsthemmung in der Ruhelage zur Wahl kleinerer Steigungswinkel nötigen.

Diese Rücksicht tritt z. B. für Aufzugwinden wegen der Bedingung des genauen und sicheren Anhaltens in bestimmten Höhen in den Vordergrund.

Vergleich zwischen Evolventen- und Cykloidenschnecken.

In Fig. 63 bis 69 Bl. XIV und XV ist eine eingängige Cykloidenschnecke untersucht und mit den zugehörigen Profilschnitten und Eingrifffeldern dargestellt. Die Teilung t ist $8\pi = 25{,}13$ mm, der Teilrissabstand von der Schneckenachse $r_0 = 40$ mm, der äufsere Durchmesser 95 mm, der Kerndurchmesser 60 mm bei 0,3 t und 0,4 t Kopf- und Fufshöhe im Mittelschnitt. Das eingreifende Rad hat 30 Zähne und 240 mm Teilkreisdmr. Die mittlere Schneckensteigung beträgt 1 : 10 und der zugehörige Steigungswinkel im Teilriss daher nur $5^0\,42'\,38''$.

Der Längsmittelschnitt, Fig. 65 Bl. XV, enthält die aus zwei Kreisbogen HG und GJ bezw. LG und GK von 64,5 und 83,5 mm Halbmesser zusammengesetzten Eingrifflinien der Cykloidenverzahnung.

Der Vergleich der Figuren 65 bis 69 zeigt zunächst, dass die günstigen Schmiegungsverhältnisse der Profile im Mittelschnitt sich mit zunehmendem Abstand der seitlichen Schnittebenen verschlechtern, bis schliefslich sogar entgegengesetzt gekrümmte Profilstrecken mit einander in Eingriff treten. Aufserdem verändert sich der einfache Charakter der Eingrifflinien des Mittelschnittes erheblich und zeigt bereits in den Schnitten 2—2 und II—II, Fig. 66, ein sehr verwickeltes Bild. Zu dem arabisch bezifferten Schnitt 2—2 gehört die mit Hülfe der Profillotkonstruktion ermittelte Eingrifflinie $baHGJ$ der Schneckenflanke PO. Der auffallende Rückkehrpunkt H findet sich nur bei Cykloidenschnecken und entspricht dem Profilpunkt h_1, welcher auf dem Schneckenteilrisscylinder im Querschnitt, Fig. 63 Bl. XIV, im radialen Abstande $r = r_0$ von der Achse entfernt liegt. Für diesen Punkt ist der zugehörige Wert des Tangentenwinkels δ der Erzeugenden $\delta = 0$. Die allgemeine Gl. (3) S. 38 für die Profillotrichtung β der arabisch bezifferten Schneckenschnitte

$$\frac{x}{n} = \operatorname{tg} \beta = \cos \varphi \operatorname{tg} \psi + \sin \varphi \operatorname{tg} \delta$$

geht damit über in

$$\frac{x}{n} = \operatorname{tg} \beta = \cos \varphi \operatorname{tg} \psi \quad . \quad . \quad . \quad . \quad (7).$$

x und β erreichen an dieser Stelle in der Schnittebene ihre kleinsten Werte. Die unmittelbar vor- und nachher gröfseren Werte von x und β verkürzen durch die steilere Richtung der Profillote deren Strecken bis zum Schneckenteilriss und damit auch die Verschiebungswege zum Aufsuchen der zugehörigen Eingriffpunkte. Hieraus erklärt sich, dass sich beide Zweige der Eingrifflinie von H aus zunächst nach rechts wenden. Vergl. die Profillotkonstruktion, Fig. 38 Bl. IX.

Für die unterhalb h_1 auf dem Schneckenfufs liegenden Flankenpunkte wächst aber gleichzeitig mit x auch der Abstand der Profilpunkte vom Schneckenteilriss, und der damit verbundene entgegengesetzte Einfluss gewinnt schliefslich die Oberhand. Die hierdurch hervorgerufene erneute Verlängerung der Lote gelangt in der Eingrifflinie durch eine abermalige Umkehr des Kurvenverlaufes in der Gegend a zum

Ausdruck, weil x für die Profile der arabisch bezifferten Schnitte keinen Vorzeichenwechsel erleidet und daher auch die Verschiebungsrichtung der Lote nach dem gemeinschaftlichen Berührungspunkt G der Teilrisse zum Aufsuchen der Eingriffpunkte unterhalb des Teilrisses immer die gleiche bleibt.

Die Rückkehrpunkte zerlegen die schlangenförmigen Eingrifflinien der Cykloidenschnecken in einzelne Zweige, die zwar bei der Gegenprofilkonstruktion zu übereinstimmenden Radzahnformen führen, von denen aber auf jeder Seite der Getriebezentrale stets nur ein Zweig den wirklichen Verlauf des Eingriffes darstellt.

Der Radkreis durch H, Fig. 66 Bl. XV, schneidet die Eingrifflinie der Schneckenflanke OP aufser in H noch ein zweitesmal in p. Hiernach kann es zunächst zweifelhaft erscheinen, ob der zugehörige Radpunkt h' in H oder p mit der Schnecke zum Eingriff gelangt. Der dritte Fall, dass dies nach einander in beiden Punkten geschehen könnte, erweist sich sofort als unmöglich, weil sich bei der stetigen Drehung des Rades jeder Zahnpunkt nach Beendigung seiner Eingriffbahn von der Schnecke trennt und erst nach einer vollen Radumdrehung wieder mit ihr zusammentrifft.

Der Eingriff erfolgt stets auf dem Kurvenzweige, in dessen Bereich die in die Schnecke hineinlaufenden Radzähne zuerst eintreten, mithin hier bei rechtsgängiger, rechtsläufiger Schnecke durch das Vordringen des belasteten Arbeitsprofiles OP von links nach rechts in H, nicht in p. Der Eingriffzweig ba würde nur zur Geltung kommen, wenn der äufsere Schneckenumfang nicht bis H reichte. Aus demselben Grunde scheidet auch für die oberhalb h' gelegenen Radzahnpunkte, deren Kreisbahnen die Eingrifflinie $GHab$ dreimal schneiden, nicht nur der untere Zweig ba, sondern auch der mittlere aH für den wirklichen Eingriff aus.

Der regelrechte Arbeitseingriff beginnt mit dem Zusammentreffen der Profilpunkte h' und h_1 in H und vollzieht sich unter starkem spezifischem Gleiten zwischen den Flankenstrecken $h'G$ und $h_1 G$ bis zur gezeichneten Berührungslage im gemeinschaftlichen Teilrisspunkt G, während der Eingriff selbst den Kurvenzweig HG durchwandert. Erst auf dem oberen Eingriffbogen GJ gestalten sich die Gleitverhältnisse zwischen den zugehörigen Arbeitsprofilen Gi' und GO befriedigender.

Der eigentümliche Umstand, dass der regelrechte Eingriff des Radzahnes später, als sonst allgemein, in h' in einiger Entfernung vom Kopfeckpunkt T beginnt, weil für den Zahnkopf $h' T$ keine Eingriffstrecke auf der maſsgebenden Kurve und also auch kein regelrechtes Gegenprofil vorhanden ist, hat den weiteren Nachteil zurfolge, dass sich dieser Zahnbogen beim Fräsen des Rades nur als Relativbahn an der Schneckenflanke ausbildet. Die Berührung zwischen Radzahn und Schnecke beginnt beim Fräsen, wie später im Betrieb, selbstverständlich nicht erst in H zwischen den Profilpunkten h' und h_1, sondern schon vorher durch das Zusammentreffen der Schnecke mit dem Kopfeckpunkt T; aber der Arbeitsvorgang besteht hier, wie bei allen Relativbahnen, für den ganzen Zahnbogen Th' in ausschlieſslichem Gleiten an den Schneckenpunkten, welche die Form des Zahnkopfes bestimmen [1]).

Das Schneckenprofil QR in der römisch bezifferten Schnittebene II—II, Fig. 66, enthält zwei Wendepunkte für die Profillote, deren Lage sich aus der allgemeinen Gleichung für die Lotneigung der römisch bezifferten Schnitte

$$\frac{x}{n} = \operatorname{tg} \beta = \cos \varphi \operatorname{tg} \psi - \sin \varphi \operatorname{tg} \delta$$

mit den beiden verschiedenen Werten von δ und φ ergiebt, welche zu Nullwerten von x und β führen. Auſserdem liefert die Gleichung mit $\delta = 0$ nach S. 71 einen Rückkehrpunkt der zum Profil gehörigen Eingriftlinie für

$$\frac{x}{n} = \operatorname{tg} \beta = \cos \varphi \operatorname{tg} \psi.$$

Der Rückkehrpunkt fällt in der Figur für den Schnitt II—II mit dem für den Schnitt 2—2 gefundenen H zusammen, weil die Schneckenpunkte, zu denen H gehört, in beiden Flanken in gleichen radialen Abständen $r = r_0$ von der Schneckenachse, Fig. 63 Bl. XIV, vollkommen symmetrisch zum Längsmittelschnitt liegen, und weil die Lote ferner mit der gleichen Winkelgroſse β einander parallel sind, also zur Deckung gelangen, wenn man sie zur Bestimmung der zugehörigen Eingriffpunkte parallel mit sich bis zum gemeinsamen Berührungspunkt G der Teilrisse verschiebt.

Im übrigen bildet der Sonderwert $\frac{x}{n} = \operatorname{tg} \beta = \cos \varphi \operatorname{tg} \psi$, abweichend von den arabisch bezifferten Schnitten, für die

[1]) Hieran wird auch dadurch nichts geändert, dass die relative Kopfform des Radzahnes mit dem regelrechten, aus der Eingriffstrecke pb entwickelten Zahnprofil zusammenfällt; denn der Zahnkopf $h' T$ arbeitet unter den obwaltenden Verhältnissen nicht mit der zu pb gehörigen Strecke der Schneckenflanke zusammen, sondern gelangt auf dem nicht zu ihm passenden, höher liegenden Flankenstück bei h_1 zum Angriff.

römisch bezifferten kein Minimum, sondern ein relatives Maximum des hier gültigen allgemeinen Wertes

$$\frac{x}{n} = \operatorname{tg}\beta = \cos\varphi \operatorname{tg}\psi - \sin\varphi \operatorname{tg}\delta$$

und liefert deshalb in der unmittelbaren Nachbarschaft des durch $\delta = 0$ bestimmten Profilpunktes zu beiden Seiten mit zunehmenden Werten von δ wachsende Lotlängen, sodass sich die in H zusammentreffenden Zweige der Eingrifflinie des Profiles RQ beide nach links entfernen.

Der Rückkehrpunkt der Eingrifflinie, dessen zugehöriger Profilpunkt durch die Werte $\delta = 0$ und $r = r_0$ bestimmt ist, liegt stets zwischen den Wendeloten des römisch bezifferten Profiles, weil die Bedingungsgleichung der Wendelote

$$\cos\varphi \operatorname{tg}\psi = \sin\varphi \operatorname{tg}\delta,$$

abgesehen vom Mittelschnitt, wo $\varphi = 90^0$ ist, nur durch Werte $\delta > 0$, d. h. durch zwei Werte von r erfüllt wird, von denen der eine $> r_0$, der andere $< r_0$, oder die im Grenzfall beide $= r_0$ sind. Der eine Wendepunkt gehört dem Schnittprofil der Kopfcykloide, der andere dem der Fufscykloide an.

Im vorliegenden Falle, Fig. 66, liegen die drei kritischen Profilpunkte so dicht an einander, dass die Wendelote in der Zeichnung mit der Parallelen zum Teilriss durch H zusammenfallen und nur in der Vorstellung aus einander gehalten werden können. Dies ist bei der Beurteilung des Verlaufes der Eingrifflinie zu beachten, welche in Fig. 66 von K aus durch G über L nach $+\infty$ des oberen, mit der Parallelen durch H zusammenfallenden Wendelotes geht, in der Lotrichtung selbst nach $-\infty$ umspringt, von hier aus nach rechts bis zum Rückkehrpunkt H reicht und dann nach links dem unendlich fernen Punkt des unmittelbar darunter liegenden zweiten Wendelotes zueilt. Innerhalb dieses Lotes springt der Eingriff aufs neue nach $+\infty$ um und bildet schliefslich, von rechts in den Bereich der Figur zurückkehrend, die untere Schleifenform $+\infty\, efg$.

Die Profile QR und UV des Schnittes II—II stellen sich in der Figur, wie alle römisch bezifferten Schnitte, als Spiegelbilder ihrer wahren Lage dar. Zur Entscheidung über den inbetracht kommenden Zweig ihrer Eingrifflinie hat man daher das Zahnstangenprofil QR der rechtsläufigen Schnecke, umgekehrt wie für die arabisch bezifferten Schnitte, von rechts nach links in das Rad hineinzuschieben. Bei dieser Verschiebungsrichtung bildet L den ersten Eingriffpunkt, in welchem der Zahnkopf U mit dem Schneckenflankenpunkt l_1 zusammentrifft. Die Zahnprofile arbeiten auch hier, wie die Flanken im Schnitt 2—2, auf der ganzen Eingriffstrecke *LG* bis zur gegenseitigen Berührung im gemeinschattlichen Teilrisspunkt *G* unter sehr starkem spezifischem Gleiten, aber der Radzahnkopf findet wenigstens ein richtiges Gegenprofil vor. Jenseits *G* schliefst sich der Eingriffzweig *GK* für den Radzahnfufs und den Schneckenkopf an, deren Gleitverhältnisse zwar besser, obwohl auch nicht sonderlich befriedigend sind.

Die auf den Wendeloten des Schneckenprofiles und auf der Schleife *efg* liegenden Strecken der Eingriftlinie kommen für das Profil *QR* aus denselben Gründen nicht inbetracht, wie der Zweig *Hab* für das Profil *ST*.

Je weiter die Schnittebenen der Profile vom Längsmittelschnitt der Schnecke abstehen, um so tiefer rücken die Wendelote und damit gleichzeitig auch der zwischen ihnen liegende Rückkehrpunkt der Eingrifflinien, welcher sich aufserdem noch fortschreitend nach links verschiebt. In Fig. 67 u. f. liegt der Kopfkreis des Radzahnes bereits innerhalb des Radkreises durch den Rückkehrpunkt. Der Kopfeckpunkt *T* gelangt daher bereits im Schnitt 3—3, Fig. 67, zum regelrechten Eingriff mit der Schneckenflanke in h_1.

Die inbetracht kommenden Eingriffstrecken sind hier und in den folgenden Figuren bis 69 für die arabisch bezifferten Schnitte übereinstimmend mit *HGJ*, für die römisch bezifferten mit *LGK* bezeichnet und zur Darstellung des Eingriftfeldes der Schnecke, Fig. 64 Bl. XIV, benutzt. Das Radzahnfeld, Fig. 63 Bl. XIV, ergiebt sich ebenfalls aus den einzelnen Schnittfiguren in der S. 29 angegebenen Weise.

Die Profilschnitte lassen, wie schon weiter oben hervorgehoben wurde, erkennen, dass die Schmiegungsverhältnisse für Cykloidenschnecken in den Seitenschnitten weit ungünstiger ausfallen, als gemeinhin nach den günstigen Eigenschaften des Mittelschnittes angenommen wird, und zeigen ferner, dass in der Nähe des Mittelschnittes, wo noch gute Anschmiegung vorhanden ist, bereits viel stärkeres spezifisches Gleiten zwischen den Flanken auftritt, als bei Evolventenschnecken von vergleichbaren Abmessungen.

Das spezifische Gleiten steigert sich für den Radzahnkopf im Schnitt 2—2, Fig. 66, durch den Mangel eines regelrechten Gegenprofiles sogar bis zum absoluten ohne Wälzung. Diese Verhältnisse werden um so schlechter, je näher der Schnitt an den Mittelschnitt rückt. Der Rückkehrpunkt *H* der Eingrifflinie, Fig. 66, verschiebt sich mehr und mehr nach rechts und nähert sich gleichzeitig dem Teilriss noch weiter, sodass die vom Radkreis durch H abgeschnittene Kopfstrecke $h'T$, für welche kein regelrechtes Arbeitsprofil vorhanden ist, immer gröfser wird, bis schliefslich der Radkopfkreis den unteren Zweig ba der Eingrifflinie in einem Punkt schneidet, der weiter als der Rückkehrpunkt H nach links liegt, und damit der Eingriff auf diesem Zweige beginnt. In diesem Falle setzt dann, wie die nachfolgenden Beispiele zeigen, mit der Wendung des unteren Zweiges ba nach dem Rückkehrpunkt der regelrechte Eingriff, statt am Zahnkopf, in der Nähe des Teilrisses aus.

Die Untersuchungen liefern das überraschende Ergebnis, dass abgesehen von den wenig befriedigenden Gesamtverhältnissen bei Cykloidenschnecken gerade in der Nähe des Längsmittelschnittes besonders schädliche Verschleifseinflüsse in der arabisch bezifferten Schneckenhälfte auftreten, von denen die Evolventenschnecken frei sind, weil ihre Eingrifflinien keine Rückkehrpunkte der erörterten Art enthalten[1]).

Die Vorbedingung für die Rückkehrpunkte, dass der Neigungswinkel der Schneckenerzeugenden null wird, ist bei Cykloidenverzahnung für alle Punkte des Teilrisscylinders der Schnecke erfüllt, für Evolventen mit dem konstanten Neigungswinkel der Trapezprofilirung aber überhaupt nicht vorhanden. Hervorzuheben ist, dass auch bei Cykloidenschnecken der Rückkehrpunkt der Eingrifflinie, aufser im Mittelschnitt, unter Umständen zwischen den Wendeloten der römisch bezifferten Schnitte für die letzteren verschwindet, und zwar, wenn das obere Wendelot über dem Schneckenteilriss liegt. In diesem Falle ist die Länge des Profillotes im Teilrisspunkt null. Die Lote der tiefer liegenden Punkte müssen also zunächst unbedingt wachsen und verlängern sich auf der ganzen Profilstrecke bis zum kritischen Punkt, der sonst mit $\delta = 0$ den Rückkehrpunkt der Eingrifflinie liefert, weil der Einfluss des zunehmenden Abstandes der Lotfufspunkte vom Teilriss schon hier den verkürzenden Einfluss des mit abnehmendem δ

---

[1]) Hiernach ist die Bemerkung des Verfassers über Cykloidenschnecken in seinen »Hebezeugen« III. Aufl. Bd. I S. 173 zu berichtigen. Auch die Angabe an derselben Stelle über die Zulässigkeit geringer Abweichungen der Achsenabstände für Evolventenschnecken ist nicht zutreffend, weil die Grundeigenschaften der Evolventenverzahnung in allen Seitenschnitten verloren gehen.

wachsenden Neigungswinkels β der Lote auf die Lotlänge überwiegt. Für alle tieferen Profilpunkte bis zum unteren Wendelot wirkt sowohl die Verkleinerung von β, wie die Vergröfserung der Lotfufsabstände gemeinsam auf die weitere Zunahme der Lotlängen, und da der Winkel β auf der ganzen Strecke sein Vorzeichen nicht wechselt, rücken auch die Schnittpunkte der Lote auf dem Schneckenteilriss immer weiter vom Schneckenprofil nach rechts. Unter diesen Einflüssen erleidet der Richtungsverlauf der Eingrifflinie durch den kritischen Punkt für $\delta = 0$ keine Unterbrechung, sondern geht vom unendlich fernen Punkt des oberen Wendelotes durch den gemeinschaftlichen Berührungspunkt der Teilrisse nach dem entgegengesetzten unendlich fernen Punkte des unteren Wendelotes. Auf diesen Fall führt die Untersuchung einer dreigängigen Cykloidenschnecke am Schluss des Abschnittes; vergl. Fig. 76, Bl. XVII.

Zur Vervollständigung der Vergleiche sind in Fig. 70 und 71 Bl. XVI noch die Eingrifffelder des Radzahnes und der Schnecke entworfen, welche sich für genau gleiche Konstruktionsgrundlagen bei Evolventenverzahnung ergeben, also bei gleicher Teilung, Steigung und Zähnezahl wie im vorstehenden Beispiel für die Cykloidenschnecke[1]). Auf die Wiedergabe der zugehörigen Profilschnitte und spezifischen Gleitstrecken ist verzichtet, weil die zahlreichen sonstigen Schnitte von Evolventenschnecken und insonderheit Fig. 17 bis 24 Bl. IV hierfür ein ausreichendes Vergleichsbild geben.

Die Form des Eingrifffeldes der Cykloidenschnecke, Fig. 64 Bl. XIV, ist noch etwas gröfser als das Vergleichsfeld der Evolventenschnecke, Fig. 71 Bl. XVI. Dieser geringfügige Vorteil wird aber durch die schlechten Gleitverhältnisse ganz in den Hintergrund gedrängt.

Die Untersuchungen sind schliefslich noch auf zwei steilgängige Cykloidenschnecken, Bl. XVII, ausgedehnt.

Fig. 72 und 73 liefern den Vergleich zwischen den Mittelschnitten doppelgängiger Evolventen- und Cykloidenschnecken, die in übereinstimmenden Abmessungen mit $r_0 = t = 40{,}8$ mm, der Steigung $2\,t = 81{,}6$ mm, dem mittleren Steigungswinkel $\alpha =$ rd. $17^0 40'$, $0{,}3\,t$ Zahnkopfhöhe und $0{,}4\,t$ Zahnfufslänge,

---

[1]) Für diese Evolventenschnecke finden sich Versuchsergebnisse von Stribeck in Z. 1898 S. 1156. Die dort auf S. 1158 dargestellten Längen der Eingriffstrecken sind durch Zeichnungsfehler nicht unerheblich zu grofs ausgefallen.

gemessen im Mittelschnitt, für 30zähnige Zahnräder von 390 mm Teilkreisdurchmesser entworfen sind. Die kreisförmige Eingrifflinie der Cykloiden-Schneckenköpfe hat 91 mm, die der Schneckenfüfse 56,5 mm Halbmesser; die gerade Eingrifflinie der Evolventenverzahnung ist mit der üblichen Neigung von 15° gegen den Schneckenteilriss angenommen. Fig. 74 und 75 geben die zugehörigen Schnitte 2—2 und II—II je für beide Schnecken im Abstande 11,5 mm vom Mittelschnitt wieder.

Fig. 72 bis 74 bedürfen keiner weiteren Erklärung.

Die Eingrifflinie $HwcGJ$ der Cykloidenschneckenflanke PO im Schnitt 2—2, Fig, 75, verläuft ähnlich wie bei der eingängigen Schnecke, Fig. 66 Bl. XV, und besitzt in c einen Rückkehrpunkt für $r = r_0$ und $\delta = 0$. In Fig. 75 Bl. XVII beginnt aber der Eingriff des Zahnkopfpunktes T mit der Schneckenflanke in h_1 bereits auf dem unteren Zweige Hw der Eingrifflinie in H und schreitet auf den beiden Flankenstrecken $h_1 w_1$ und Tw' regelrecht fort. Am Ende dieser Arbeitstrecken wendet sich die Eingrifflinie von w aus nach rückwärts, während die Zahnberührung im Sinne der Verschiebung des Schneckenprofiles PO von links nach rechts weiter gedrängt wird. Der regelrechte Eingriff hört also an dieser Stelle auf, weil er dem Richtungsverlauf der geometrischen Zweige wcG nicht zu folgen vermag. Die Zahnberührung wandert nach dem gemeinschaftlichen Berührungspunkt G der Teilrisse auf den beiden Flanken unter dem Einfluss anderer, gleichzeitig im regelrechten Eingriff stehender Profilstrecken weiter, aber die Radzahnprofilstrecke $w'G$, welche sich hierfür beim Fräsen ausbildet, ist nur ein relatives Gegenprofil der Schneckenflankenstrecke $w_1 G$, erzeugt durch zwangsweises Gleiten ohne regelrechte Wälzung. Hier tritt also eine ähnliche Störung, wie wir sie in dem Beispiel S. 72 am äufseren Zahnkopfe fanden, in der Nähe des Teilrisses auf. Jenseits des Teilrisses arbeitet der Schneckenkopf GO auf der Eingriffstrecke GJ wieder regelrecht mit dem Radzahnfufs zusammen.

Von den beiden Wendepunkten für die Profillote der Schneckenflanke QR im Schnitt II—II, Fig. 75, liegt der obere zufällig im Schneckenteilriss. Der Rückkehrpunkt der zur Flankenstrecke zwischen den Wendeloten gehörigen Eingrifflinie fällt nach dem weiter vorn, S. 73, allgemein geführten Nachweis mit dem Rückkehrpunkt c für den Schnitt 2—2 zusammen. Diese Anhaltspunkte erleichtern das Verständnis für den Verlauf der ganzen Eingrifflinie, den man am klarsten von rückwärts verfolgen kann, indem man sich die Bewegung des Triebwerkes umgekehrt denkt, das Rad als treibend annimmt und durch Drehung desselben entgegengesetzt zum Sinne des Uhrzeigers das Schneckenprofil RQ von links nach rechts verschiebt. Dann wandert nach der geometrischen Konstruktion der Eingriff von K über m und n nach G, wendet sich hier plötzlich in dem mit dem Schneckenteilriss zusammenfallenden oberen Wendelot nach $-\infty$, durchläuft hierauf den Kurvenzweig $-\infty\, abcde - \infty$, springt auf dem unteren Wendelot nach $+\infty$ um und liefert schliefslich, von rechts zurückkehrend, noch die Kurvenschleife $+\infty\, fghl$.

Der erste Teil des Eingriffes vollzieht sich regelrecht. In Fig. 75 sind die Profillote RA und MB für den Schneckenkopf angegeben, durch deren paralleles Verschieben bis zum gemeinschaftlichen Berührungspunkt G der Teilrisse die zugehörigen Eingriffpunkte K und m bestimmt werden. Aufserdem sind durch die Teilrissbogen $GA' = GA$ und $GB' = GB$ die Punkte A' und B' des Radteilkreises festgelegt, bis zu denen man die Lote aus der Eingrifflage zurückbewegen muss, während ihre andern Endpunkte die Kreisbahnen durch K und m beschreiben, um die Gegenprofilpunkte k und m' am Radzahn zu erhalten.

Hiernach arbeitet der Schneckenkopf RM auf der Eingriffstrecke Km ordnungsmäfsig mit der Fufsflanke km' bis zum Teilrisspunkt des Radzahnes zusammen. Die Verlängerung des Radzahnfufses nach dem Grunde der Zahnlücke von k bis V wird durch die Relativbahn des Fräserkopfes nach der gestrichelten Profilkurve gebildet. Im weiteren Verlauf tritt die geometrische Eingrifflinie durch m über den Radteilkreis hinaus, erreicht in n ihren gröfsten Abstand von demselben und geht dann nach G. Das zugehörige Radzahnprofil würde aus dem unausführbaren rückläufigen Zweige $m'n'm'$ bestehen, der sich in das Fleisch des Schneckenzahnes hineinwendet. Unter diesen Verhältnissen ist für die untere Hälfte des Schneckenkopfes Mp bis zum Teilrisspunkt p kein regelrechtes Gegenprofil am Radzahn vorhanden. Auch der nachfolgende Zweig $-\infty\, abcde - \infty$ der Eingrifflinie für den Schneckenfufs liefert kein regelrechtes Radzahnprofil, weil bei der stetigen Drehrichtung des Rades der Eingriff überhaupt nicht wechselnd vor- und rückwärts erfolgen kann, und weil es im ausgeführten Getriebe unmöglich ist, dass der Eingriff vom Punkt m oder G nach links ins Unendliche zurückspringt. Die Unmöglichkeit einer richtigen Gegenprofilform ergiebt sich auch aus der Durchführung der geometrischen

Konstruktion, die zu der Eingrifflinie $-\infty\, a b c d e - \infty$ das gleichbenannte gestrichelt gezeichnete rückläufige Radzahnprofil $\infty\, a b c d e\, \infty$ liefern würde. Der Zusammenhang mit der betreffenden Eingriffstrecke ist durch die Kreisbahn angedeutet, welche die beiderseitigen Punkte *e* und *a* mit einander in Beziehung setzt. Der Eingriffzweig $+\infty\, fghl$ kommt nicht inbetracht, weil er ganz aufserhalb der Radzahnbahn liegt.

Unter diesen Verhältnissen bildet sich der Zahnkopf $m'U$ beim Fräsen lediglich als Relativprofil zum Teilrisspunkt *p* der Schneckenflanke aus und gleitet später an der Arbeitsschnecke während der ganzen Dauer seiner Berührung ohne Wälzung.

Der Vergleich zwischen der doppelgängigen Evolventen- und der Cykloidenschnecke fällt schon im Schnitt 2—2 bezw. II—II, Fig. 74 und 75, vollständig zugunsten der Evolventenverzahnung, Fig. 74, aus, die in diesen Schnitten noch ganz regelrechte Eingriffverhältnisse und befriedigende Schmiegung bei mäfsigem spezifischem Gleiten liefert, während die Cykloidenschnecke sowohl im arabisch, wie im römisch bezifferten Schnitt Profilstrecken enthält, die lediglich Relativbahnen einzelner Fräserpunkte entsprechen und des für die Lebensdauer der Profile wesentlichen Vorteiles teilweisen Wälzens beim Arbeitseingriff entbehren.

Fig. 76 Bl. XVII bezieht sich auf den Schnitt einer dreigängigen Cykloidenschnecke in 10 mm Abstand vom Längsmittelschnitt. Die Schnecke hat die gleiche Teilung wie die beiden letzten und greift ebenfalls in ein 30 zähniges Rad von 390 mm Teilrissdurchmesser ein. Die Steigung 3 t = 122,4 mm vergröfsert den Steigungswinkel im Teilriss auf $\alpha =$ rd. $25^0\, 30'$.

Die Eingriffkreise der Mittelschnittprofilirung sind für den Schneckenkopf mit 91 mm, für den Schneckenfufs mit 69 mm Halbmesser gewählt.

Die Konstruktion der Eingrifflinie für den Schneckenschnitt *PO*, Fig. 76, liefert die Kurve *HwcGJ*. Der Eingriff beginnt regelrecht zwischen dem Eckpunkt *T* des Radzahnes und dem tiefsten Arbeitspunkt des Schneckenfufses in *H* und wandert auf beiden Flanken bis zu den zusammengehörigen Punkten w_1 und w' auf dem Zweige *Hw* fort, setzt dann aber, wie bei der zweigängigen Schnecke, bis zum gemeinschaftlichen Berührungspunkt der Teilrisse aus, weil sich die geometrische Eingriffkurve der Getriebebewegung entgegen nach links wendet. Jenseits *G* findet wieder regelrechter Eingriff zwischen dem Schneckenkopf und dem zugehörigen Arbeitsprofil des Radzahnfufses von G bis J statt.

Das Schneckenprofil RQ in der symmetrisch hinter dem Mittelschnitt liegenden Schnittebene enthält einen Wendepunkt für die Profillote oberhalb des Schneckenteilrisses. Damit verschwindet, wie S. 76 nachgewiesen, der Rückkehrpunkt der Eingriffstrecke für die zwischen den beiden Wendeloten liegende Flankenstrecke.

Der Eingriff beginnt, wenn man die Getriebebewegung umkehrt und das Rad als treibend betrachtet, zwischen dem Schneckenkopf R und dem zugehörigen Radflankenpunkt k auf dem links oben gelegenen Zweige der Eingrifflinie in K und setzt sich bis zum Schnittpunkt m der Eingrifflinie mit dem Radteilkreis zwischen den Flankenstrecken RM und km' ordnungsmäfsig fort. Von m wandert der Eingriff in dem linken Kurvenzweig über 1, 2, 3 nach dem $-\infty$ fernen Punkte des oberen Wendelotes und springt auf diesem Lot nach $+\infty$ um. Das zugehörige Radzahnprofil bildet die Fortsetzung von km' nach unten mit dem punktirt gezeichneten Verlaufe m' 1, 2, 3 ... ∞ und ist unausführbar, weil es im Schneckenfleisch liegt. Auch rein geometrisch betrachtet bildet die Kurve m 1, 2, 3 ... nur scheinbar die Fortsetzung der Strecke Km und stellt einen ganz gesonderten Zweig für einen andern nicht inbetracht kommenden Eingriffbeginn dar, weil ihre Punktfolge dem Richtungsverlauf des auf Km begonnenen Eingriffes entgegengesetzt ist.

Die geometrische Eingrifflinie wendet sich von $+\infty$ des oberen Wendelotes in der Punktfolge 4, 5, 6 nach links, durchschneidet den gemeinschaftlichen Berührungspunkt G der Teilrisse und den Rückkehrpunkt c der zu OP gehörigen Eingrifflinie, läuft weiter über 7, 8 ... 11 nach $-\infty$ des Profillotes im zweiten Wendepunkt, springt in diesem Lot wieder nach $+\infty$ um und kehrt schliefslich auf der Kurvenschleife $+\infty$ 12, 13, 14, 15 zurück[1]). Die Eingriffstrecke 5, 6 G liefert auf dem von links unten aus ∞ kommenden Radzahnprofil ∞ 4 den regelrechten Zahnkopf 5, 6 m', welcher mit der ganz kurzen Schneckenflankenstrecke $5'p$ oberhalb des Teilrisses T_s zusammenarbeitet und bei deren aufserordentlicher Kleinheit schon nahezu den Charakter einer relativen Punktbahn annimmt. Die Fortsetzung des Eingriffes über G hinaus würde geometrisch

[1]) In Wirklichkeit liegt diese Schleife noch erheblich weiter nach rechts, ganz aufserhalb des Rahmens der Figur, und ist hier nur innerhalb desselben gezeichnet, um das allgemeine Bild zu vervollständigen.

wieder zu dem rechts nach unten laufenden, punktirten Radzahnprofil m' 7, 8, 9, 10, 11 ∞ führen, das mit dem Umspringen des Eingriffes nach + ∞ selbst unten links im Unendlichen überspringt und für den Eingriffzweig 12, 13, 14, 15 auf dem punktirten Zahnkopfprofil in der gleichziffrigen Punktfolge nach dem Rade zurückkehrt. Praktisch ist auch diese Strecke bedeutungslos. Streng genommen tritt der Umkehrpunkt des Radzahnprofiles schon ein, kurz bevor der Eingriff über 5, 6 nach G gelangt, weil der Radteilkreis noch von der Eingriffstrecke 5 G eine Sehne abschneidet, deren Halbirungspunkt dem Radmittelpunkt am nächsten liegt und daher den Beginn des rückläufigen Profiles bestimmt. Im vorliegenden Falle ist dieser Punkt wegen des flachen Verlaufes der Eingrifflinie in der Zeichnung von G nicht zu unterscheiden.

Nach der vorstehenden Untersuchung bleibt die lange Zwischenstrecke $5'M$ des Schneckenkopfes ohne regelrechtes Gegenprofil, die spezifischen Gleitverhältnisse der übrigen Profilpunkte nähern sich für den Radzahnkopf ebenfalls bereits dem absoluten Gleiten, und auch in der symmetrisch liegenden vorderen Schnittebene mit den Profilen OP und ST findet bei sonst guten Gleitverhältnissen in der Nähe des Teilrisses eine Unterbrechung des regelrechten Eingriffes statt.

Das Gesamtergebnis der vorstehenden Untersuchungen spricht gegen die Anwendung von Cykloidenschnecken, weil sie wegen ihrer verwickelteren Profilform nicht nur schwieriger genau herzustellen sind als Evolventenschnecken, sondern auch für alle untersuchten Steigungsverhältnisse ungünstigere Eingriffverhältnisse mit mannigfachen Störungen des regelrechten Verlaufes liefern und selbst inbezug auf die Schmiegung der Profile keineswegs in allen Schnitten das vorteilhafte Bild bieten, das man nach dem Mittelschnitt gemeinhin erwartet.

Rückläufige Zahnprofile bei Stirnrädern mit Kreisbogenprofilen.

Rückläufige Zahnprofile treten nicht nur bei Zahnstangen und Schneckenräderwerken auf, sondern bilden auch eine Eigentümlichkeit aller Verzahnungen, deren Profile aus einzelnen Kreisbogen oder, wie bei den Triebstockrädern, aus vollständigen Kreisen bestehen. Es scheint mir daher bei der wenig verbreiteten Kenntnis dieser Eingriffstörungen angezeigt, im Anschluss an die vorstehend behandelten Fälle, aufser dem Hinweis auf die Zahnstangentrieblinge S. 57 u. f. noch eine Lehraufgabe mitzuteilen, welche zeigt, dass auch Stirnräder mit derselben störenden Eigenschaft behaftet sein können[1]. Ich verfolge dabei gleichzeitig den praktischen Zweck, darauf aufmerksam zu machen, dass das von einzelnen Maschinenfabriken aus England übernommene Verfahren, Cykloiden- und Evolventenprofile durch Kreisbogen zu ersetzen, die Eingriffverhältnisse sehr ungünstig beeinflussen kann.

Um ein möglichst leichtes Nachzeichnen der Figur zur Selbstprüfung zu ermöglichen, habe ich für dieses Lehrbeispiel, Fig. 77 S. 84, als Fufsprofil des oberen Rades eine radiale Flanke, also eine cyklische Zahnform, und für den Kopf einen Kreisbogen mit dem etwas innerhalb des Teilkreises gelegenen Mittelpunkt E gewählt. Die zur Konstruktion der Eingrifflinie und des Gegenprofiles erforderlichen Profillote lassen sich daher ohne weiteres zeichnen und werden für den Kreisbogen durch die Radien nach seinem Mittelpunkt gebildet, die sämtlich den zugehörigen Teilkreis schneiden und somit der Grundanforderung genügen, dass wenigstens kinematisch zum angenommenen Zahnkopf ein Gegenprofil vorhanden ist. Das eingangs, S. 10, erläuterte allgemeine Verfahren zur Bestimmung der Eingrifflinie eines gegebenen Zahnprofiles und des zugehörigen Gegenprofiles bei gegebenen Teilkreisen liefert hier die Eingrifflinie $aObcd$ und das Gegenprofil $\mathfrak{A}O\mathfrak{B}\mathfrak{C}\mathfrak{D}$.

Die Eingriffstrecke des kreisbogenförmigen Zahnkopfes tritt über den Teilkreis des Gegenrades hinaus, erreicht in

---

[1]) Nur Reuleaux, Theoretische Kinematik Bd. I S. 142 enthält eine kurze Bemerkung über das Vorkommen von Spitzen, Schleifen und engen Spiralen in der kinematischen Zahnprofilirung, aber auch hier ist auf bestimmte Fälle der Praxis nicht eingegangen.

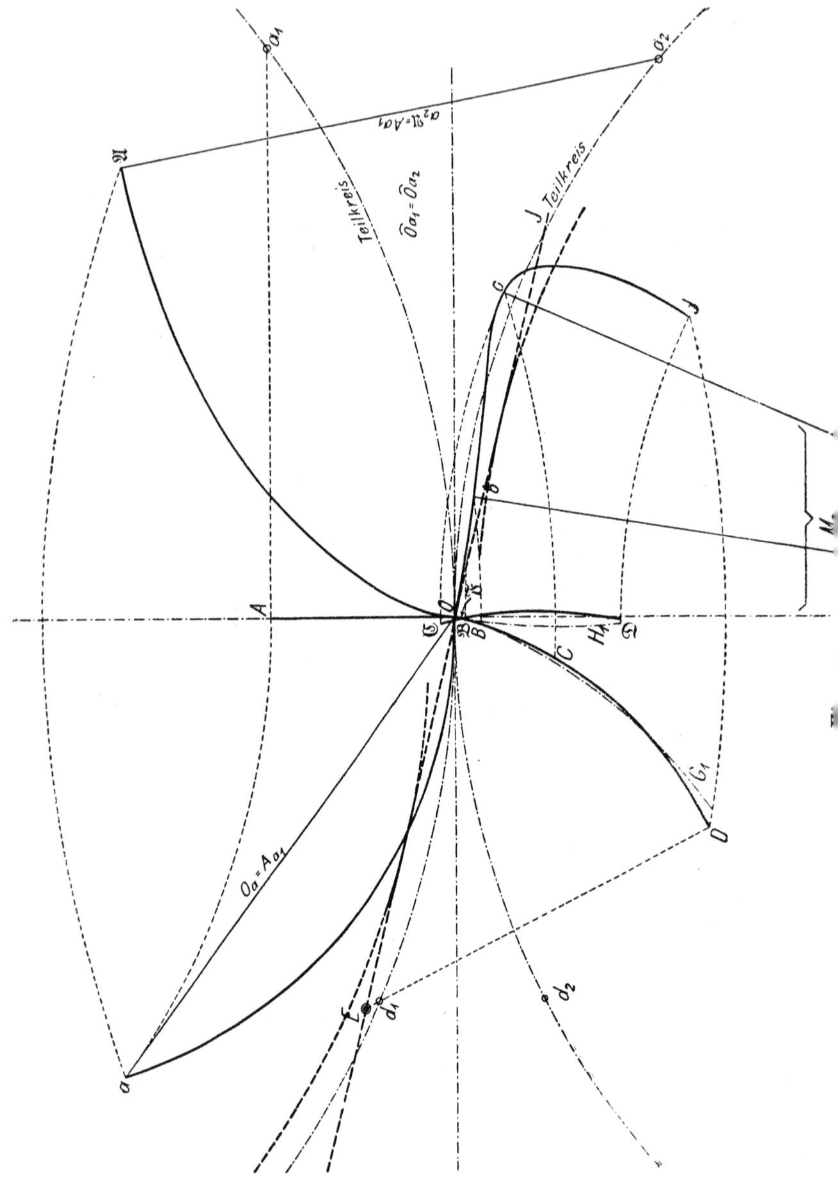
Teilkreis
Teilkreis

b ihren kleinsten, in c ihren gröfsten Abstand vom Radmittelpunkt M_2 und kehrt wieder in die innere Kreisfläche nach d zurück. Der Eingriffstrecke Obc entspricht der unausführbare rückläufige Profilzweig $O\mathfrak{B}\mathfrak{C}\mathfrak{F}$, der ganz aus dem Eingriff ausscheidet und nur durch die Relativprofilstrecke $O\mathfrak{F}$ ersetzt werden kann, welche sich beim Fräsen von selbst ausbildet. Wenn nun auch im vorliegenden Falle der Kreisbogen nur eine sehr rohe Annäherung an die punktirt angedeutete Evolvente bildet und in dieser Form gewählt ist, um die Störungsverhältnisse krasser zum Ausdruck zu bringen, so beleuchtet das Beispiel doch den Einfluss, welchen der Ersatz der Evolvente durch einen einfachen Kreisbogen ausübt.

Hiermit erklärt sich zur Genüge, weshalb mit Kreisbogen verzahnte Stirnräder nicht selten den Wirkungsgrad doppelter Vorgelege auf 0,60 herabdrücken, der bei regelrechter Profilirung für unbearbeitete Räder mindestens noch 0,7 bis 0,8 beträgt und für richtig verzahnte und sauber geschnittene Doppelvorgelege auf 0,9 und höher steigt.

Mit dem Sinken des Wirkungsgrades durch fehlerhafte Profilirung wachsen Verschleifs, Unregelmäfsigkeit des Ganges und Bruchgefahr in unzulässiger Weise.

Die Untersuchung zeigt, dass kinematische Gegenprofile praktisch ganz allgemein nur dann ausführbar sind, wenn ihre Eingriffstrecke vom gemeinschaftlichen Berührungspunkt der Teilkreise in stetiger Annäherung an den zugehörigen Radmittelpunkt verläuft. Geringfügige Profiländerungen durch Verschleifs können den Charakter der Eingrifflinie erheblich verändern und die Ausbildung von Gegenprofilen herbeiführen, die lediglich nur Relativbahnen einzelner Gleitpunkte darstellen, weil das kinematische Gegenprofil nicht zur Ausbildung gelangen kann. Der fehlerhafte Eingriff mit dem höchst nachteilig verstärkten spezifischen Gleiten der Flanken wird im vorliegenden Falle noch dadurch erhöht, dass bei der näherungsweisen Profilirung der Radzähne mit Kreisbogen dieses Verfahren in der Praxis auch auf die Flanke des eingreifenden Rades ausgedehnt wird.

Dem punktirt angedeuteten Evolventenprofil OG_1 für das gegebene Rad würde eine Gegenevolvente OH_1 am andern Rade entsprechen und an die Stelle der schlangenförmig gewundenen Eingrifflinie eine einfache Gerade OJ treten.

Zusammenfassung der Untersuchungsergebnisse.

Die Schneckenschnitte, welche die Eingriffprofile der Verzahnung liefern, verlaufen zu beiden Seiten des Längsmittelschnittes nach verschiedenen Krümmungsgesetzen, die in dem Zeichenwechsel der allgemeinen Gleichung (2) S. 38 für die Profillotrichtung

$$\operatorname{tg}\beta = \cos\varphi \operatorname{tg}\psi \mp \sin\varphi \operatorname{tg}\delta$$

zum Ausdruck gelangen, und haben auch in einer und derselben Schneckenhälfte in nahe benachbarten Schnitten erheblich verschiedene Formen.

Aus diesem Grunde verursachen bereits kleine Montirungsfehler einen merkbar fehlerhaften Eingriff, und die Selbstfräsung, welche die Arbeitsschnecke in solchen Fällen während des Betriebes übernimmt, erzeugt einen lebhaften Verschleifs, der unter Umständen nicht zur Ruhe kommt.

Die Montirung erheischt hiernach die gröfste Sorgfalt, sowohl inbezug auf die rechtwinklige Schränkung der Achsen und das genaue Zusammenfallen der Radmittelebene mit dem Längsmittelschnitt der Schnecke, wie auch schliefslich hinsichtlich des Achsenabstandes. Je länger eine Schnecke oder je gröfser ihr Durchmesser ist, umsomehr äufsert sich der störende Einfluss mangelnder Uebereinstimmung der Mittelebene oder fehlerhafter Schränkung der Achsen.

Die Unempfindlichkeit der Evolventenstirnräder inbezug auf kleine Abweichungen von dem Achsenabstand der Entwurfzeichnung besteht für Evolventen-Schneckengetriebe nicht, weil hier nur der Mittelschnitt reine Evolventenverzahnung besitzt, in allen übrigen Eingriffebenen aber die Schnittprofile von der Grundform stark abweichen und dem Evolventengesetz nicht mehr unterworfen sind.

Die beim Montiren anzustrebende schärfste Genauigkeit ist auch den Betriebseinflüssen gegenüber für die Dauer zu sichern. Das gilt vor allem von der am meisten gefährdeten Lage der Radmittelebene, welche sonst durch den schrägen Zahndruck, der sich vorzüglich beim plötzlichen Bremsen von Schneckentriebwerken für Aufzug- und Kranwinden jedesmal mit hammerartiger Wirkung äufsert, seitlich verschoben wird[1]). Die genaue Justirung und richtige Dauerlage der Radmittelebene lässt sich u. a. zuverlässig durch längsverschiebliche, von aufsen nach Art der Stopfbüchsenbrillen fest einstellbare Lagerbüchsen für die Radachse im Schneckengehäuse erreichen, wenn die inneren Stirnflächen der Büchsen die Anlaufflächen der Radnabe bilden. Gewöhnlich benutzt man justirte Scheiben, die zwischen Radnabe und Trogwand eingesetzt werden.

Evolventenschnecken sind den Cykloidenschnecken nicht nur wegen der leichteren genauen Herstellung, sondern auch wegen der günstigeren und störungsfreieren Eingriffverhältnisse vorzuziehen. Cykloidenschnecken liefern unerwartet verwickelte Eingriffverhältnisse mit mehrfachen Störungspunkten, die sich der unmittelbaren Beobachtung bei Versuchen entziehen und nur auf zeichnerischem Wege als Ursachen der Verschleifsvorgänge erkannt werden können.

Das Radzahnfeld ist zur Beschränkung des spezifischen Flankendruckes durch möglichst tiefgreifende Umklammerung des Schneckenquerschnittes nach S. 26 so weit zu steigern, wie es die Rücksicht auf die damit zunehmende Spitzform der Radzähne gestattet, die nicht zu weit getrieben werden darf. Die Begrenzung der Radzahnköpfe von den tiefsten Zahneckpunkten durch eine Parallele zur Radachse, statt durch die früher allgemein übliche seitliche Abschrägung, vergröfsert das Eingrifffeld des Zahnes und der Schnecke etwas, aber meist nicht erheblich.

Ueberschreitet man die Stribeckschen Grenzwerte S. 26, so hat man zur Prüfung der Zulässigkeit der gewählten Umklammerungsgrenzen das Radzahnprofil für den Schnitt aufzuzeichnen, der durch den tiefsten Zahneckpunkt geht, wie z. B. in Fig. 51 Bl. XII.

Setzt man den Flankendruck in anderer Weise durch Wahl grofser Räder mit reichlicher Zähnezahl herab, so kann man dafür auf eine konzentrische Umklammerung des Schneckenquerschnittes durch den Zahnkranz verzichten und cylindrisch abgedrehte Räder mit geringerer Eingrifftiefe ver-

---

[1]) In einem Falle fand der Verfasser, dass durch Lockern und Verschieben des Schneckenrades und den dadurch aufserordentlich gesteigerten Rückdruck der Schnecke das Stützlager des fest angekuppelten Elektromotors der Aufzugmaschine abgebrochen war. Um zu vermeiden, dass sich die Radebene durch Aufkeilen schiefzieht, empfiehlt es sich, die Räder mit einfachen Federeinlagen statt der Keile aufzupressen oder warm aufzuziehen.

wenden, deren äufserer Kronendurchmesser nur dem des Mittelschnittes entspricht. Dies Verfahren ist mit dem Vorteil erheblich verminderten spezifischen Gleitens verknüpft, weil dabei nur die günstigsten Eingriffverhältnisse des Getriebes ausgenutzt werden, verlangt aber eine vergleichsweise Prüfüng des spezifischen Druckes — S. 32 u. f. — wegen der Verkleinerung der Eingrifffelder.

Der Grundriss des Schneckeneingrifffeldes erteilt Aufschluss über die erforderliche Ausführungslänge der Schnecke. In den Untersuchungen ist darauf hingewiesen, dass der schmale Schwanz, der sich bei steilgängigen Schnecken in der Feldform ausbildet, Fig. 11 Bl. II, 50 Bl. XI und 52 Bl. XII, von zweifelhaftem Wert ist, weil er durch seine geringe Breite die Gesamtlänge der Kurve gleichzeitigen Eingriffes nur sehr wenig verlängert und damit auch die spezifische Pressung nur sehr unerheblich verkleinert, während anderseits gerade diese äufsersten Eingriffpunkte mit starkem spezifischem Gleiten arbeiten. Der etwaige Vorteil der vollen Feldausnutzung durch entsprechende Schneckenlänge wird hierdurch infrage gestellt. Im Hinblick auf die gesteigerten Montirungschwierigkeiten langer Schnecken empfiehlt es sich daher, durch Kürzung der Schnecke die wenig nutzbare äufserste Feldstrecke unsymmetrischer Eingrifffelder bei steilgängigen Schnecken aufser Wirkung zu setzen. Auch bei symmetrischen Feldern ist eine Kürzung der Schnecke im Interesse leichterer Montirbarkeit jedenfalls gerechtfertigt, wenn das Feld nur schmale Endzipfel aufweist und die Kürzung daher den spezifischen Druck nur wenig erhöht. Hierbei ist aber darauf zu achten, dass die scharfen zungenförmigen Enden der Schneckengänge stark abgerundet werden, weil sie beim Eintritt in das abgeschnittene Feldstück sonst Beschädigungen erleiden und erzeugen können.

Cylindrisch abgedrehte Räder mit dem Durchmesser des Mittelschnittes liefern die kürzesten Eingrifffelder und führen daher auch zu besonders kurzen Schnecken.

Die Kopfhöhe der Evolventenschnecken und zugehörigen Radzähne ist im allgemeinen auf 0,25 t im Mittelschnitt zu beschränken und bei weniger als 28 Zähnen des eingreifenden Rades noch niedriger zu wählen. Für ein 24zähniges Rad erhält man mit der Kopfhöhe 0,23 t noch brauchbare Verhältnisse.

Für wichtigere Schneckengetriebe ist mindestens das Eingrifffeld der Schnecke im Grundriss und das des Radzahnes im Aufriss zu entwerfen. Beide lassen sich nach dem S. 52 angegebenen abgekürzten Verfahren unmittelbar aus dem Schneckenquerschnitt mit Hülfe der Profillotkonstruktion punktweise mathematisch genau aufzeichnen, ohne zuvor die einzelnen Schnecken- und Radzahnprofilschnitte zu bestimmen. Die hierzu erforderlichen einfachen Konstruktionselemente genügen auch zur Ermittlung aller Störungspunkte und Feldverkürzungen.

Dehnt man die Untersuchungen auf die Darstellung der Radzahnprofile und die Bestimmung des spezifischen Gleitens aus, so empfiehlt es sich, alle Zeichnungen für schwache Schnecken in vierfacher, für mittlere mindestens in doppelter Gröfse zu entwerfen. Auch sonst sind Vergröfserungen für die Untersuchungszeichnungen ratsam.

Im allgemeinen liefern Evolventenschnecken bei 0,25 t Kopfhöhe für Räder mit mindestens 28 Zähnen günstige Eingrifffelder für Gewindesteigungen bis zu 18^0 im Teilriss und gestatten die Ausnutzung des gröfseren Wirkungsgrades der steilgängigen Schnecken ohne erhebliche Zunahme der spezifischen Pressung im Vergleich mit Schnecken von geringerer Steigung. Die Wahl grofser Zähnezahlen ist vorteilhaft.

In der allgemein benutzten Belastungsgleichung

$$P = kbt$$

für die Radumfangskraft P, die Teilung t und die Bogenlänge b, gemessen am Fufs der Radzahnflanke im Querschnitt des Zahnkranzes, Fig. 14 S. 26, sinkt der zulässige Wert von k, der die spezifische Pressung zum Ausdruck bringt, innerhalb der vorstehenden Grenzen nur wenig mit zunehmender Schneckensteigung[1]).

Gröfsere Steigungswinkel als 18^0 führen, ebenso wie kleine Radzähnezahlen unter 28, schnell zu einer Abnahme der Feldgröfsen und gestatten nach Mafsgabe der Feldverkleinerung in der Gleichung für P nur entsprechend kleinere Werte von k, wenn die Lebensdauer des Getriebes bei lebhafter Benutzung nicht notleiden soll.

Die Verkleinerung der Eingrifffelder mit zunehmender Steigung der Schnecke wird dadurch verursacht, dass einerseits in der Schneckenhälfte, die sich in der Richtung der Zahnflanken in das Rad hineindreht, die Profillote steilere Richtungen annehmen und dadurch kürzere Eingriffstrecken liefern, anderseits zwar in der andern Schneckenhälfte, die sich aus dem Rade herausdreht, das Umgekehrte der Fall ist, aber hier die Eingriffstrecke nicht mehr durch die Kopfbahn

---

[1]) Ueber die Abhängigkeit der Belastungswerte vom Material und der Umfangsgeschwindigkeit siehe Stribeck: Versuche mit Schneckengetrieben, Z. 1897 S. 940 und 972 und 1898 S. 1159 u. f.

des Schneckenschnittes begrenzt wird, sondern nur bis zu dem Punkte benutzbar bleibt, welcher dem Radmittelpunkt auf dieser Strecke am nächsten liegt. Zu der darüber hinausliegenden Endstrecke gehören unausführbare rückläufige Zahnprofile. Aufserdem kann hierbei noch eine weitere Verkürzung dadurch eintreten, dass der Kopfendpunkt der zur Herstellung des Rades benutzten Frässchnecke auch von der aufgezeichneten richtigen Profilstrecke ein Stück fortschneidet. Die Untersuchung ist für scharfe Bestimmungen auf diesen Einfluss auszudehnen. Jedenfalls sind allgemein Frässchnecken von mäfsiger Kopfhöhe zu benutzen, deren Durchmesser nicht gröfser ist, als es der unerlässliche Kopfspielraum für die Arbeitsschnecke verlangt. Schliefslich können auch noch Störungen des regelrechten Eingriffes dadurch auftreten, dass bei Evolventenschnecken in einem Punkt des Schnittprofiles, bei Cykloiden in zweien die Profillote durch parallele Richtung zum Schneckenteilriss unendlich ferne Gegenprofilpunkte liefern. Weitere Unregelmäfsigkeiten entspringen bei Cykloidenschnecken den Rückkehrpunkten im endlichen Bereich der Eingrifflinien. Hiervon sind Evolventenschnecken ganz frei.

Die Meinung, dass Frässchnecken mit regelrechter Mittelschnittprofilirung bei sachgemäfser Herstellung jederzeit ein regelrechtes Arbeitsgegenprofil in das Rad einschneiden, ist, auch abgesehen von dem nachteiligen Einfluss zu hoher Frässchneckenköpfe, nicht zutreffend. Die Schnecke kann selbstverständlich weder im Unendlichen liegende Profilelemente, noch rückläufige Gegenprofile herstellen, zu denen die kinematische Theorie in den vorliegenden Untersuchungen führt, sondern schneidet dafür an den betreffenden Stellen nur Relativbahnen für ihren eigenen freien Durchgang im Radkörper heraus.

Aufser den Cykloidenschnecken, wo derartige Störungen ganz allgemein auftreten, bedürfen auch Evolventenschnecken für geringe Radzähnezahl oder bei sehr grofser Steigung einer sorgfältigen zeichnerischen Prüfung nach dieser Richtung.

Die Frässchnecke nimmt während der regelrechten Bewegungsübertragung zwischen Schnecke und Rad das Material fort, das im Bereich ihrer Gangbahn liegt. Die so gewonnenen Radzahnflanken bilden die Umhüllungsform aller Lagen der Schneckenprofilschnitte im Radkörper. Die Mehrzahl aller Umhüllungslagen entspricht allerdings dem regelrechten Verzahnungseingriff, der sich unter gleichzeitigem Wälzen und Gleiten der Profilelemente abwickelt, daneben treten aber auch in den genannten Störungsstellen reine Relativbahnen einzelner Punkte ohne Wälzung auf. Diese führen einen gesteigerten Verschleifs herbei, weil bei dem hohen spezifischen Druck, abgesehen von der Reibungsarbeit des reinen Gleitens, auch das Schmieröl von den Flächen abgekratzt wird.

Für das allgemeine Verständnis tritt dieser Vorgang klar in Fig. 42 S. 58 in dem Unterschiede hervor, welcher zwischen der vorwiegend wälzenden Bewegung richtiger Zahnprofilelemente in der Nähe des gemeinschaftlichen Berührungspunktes der Teilkreise und dem Angriff eines Zahneckpunktes besteht, der unter ständigem Schleifen in seiner eigenen Relativbahn am Fufs des Gegenzahnes entlang gleitet, bis er in den regelrechten Eingriffpunkt des Gegenprofiles gelangt und mit dem Beginn des Wälzens sich auch gleich darauf von ihm abhebt.

Jeder Verschleifs der regelrechten Profile verlegt die Relativbahnen der einzelnen Punkte. Auf diese Weise kann es kommen, dass z. B. Kopfpunkte der Schnecke, die sich anfangs in der vom Fräser ausgearbeiteten Gegenzahnlücke frei bis zum richtigen Angriffpunkt durchbewegten und hier ihren Eingriff mit dem regelrechten Gemisch von Wälzen und Gleiten begannen, durch den Verschleifs mit vorher nicht berührten Punkten der relativen Fräserbahn in Berührung treten und hier zum Schleifen gebracht werden. Diese neue Verschleifsquelle pflanzt sich von einem Profilelement auf weitere fort.

Hierin liegt einer der Hauptgründe, weshalb vor allem das unerlässliche Einlaufen der Schnecken mit gröfster Vorsicht gehandhabt und überwacht werden muss und weshalb die Anwendung von Schmirgel oder Glaspulver zu verwerfen ist, weil diese Schleifmittel von vornherein eine starke Formänderung der regelrechten Profile hervorbringen und die Ausbildung und Vermehrung der gleitenden relativen Punktbahnen begünstigen.

Unter dem wechselnden Spiel des regelrecht hin- und herwälzenden Flankeneingriffes gelangen bei den in Oeltrögen gelagerten Schnecken stets frisch mit Oel überzogene Flächen in Berührung. Es findet zwischen den Flanken reine Flüssigkeitsreibung statt, so lange der spezifische Druck und die Druckdauer die Oelschicht nicht während des Eingriffes zwischen den Berührungsstellen herauspressen oder das Oel durch Zentrifugalkraft abgeschleudert wird. Mit Rücksicht hierauf sind dickflüssige Schmieröle zu verwenden, die dem Druck langsamer ausweichen als dünnflüssige. Einzelne empfehlen auch einen Graphitzusatz zum Oel. Besonders gerühmt wird gutes Ricinusöl, das mit grofser Zähflüssigkeit und Adhäsion den Vorteil ganz heller Farbe verbindet und deshalb sofort erkennen lässt, wenn Verunreinigungen durch lebhaften Verschleifs entstehen. Man gewinnt dadurch das einfachste Kennzeichen für den Zeitpunkt, wann eine Erneuerung des Schmierstoffes oder sogar eine gründliche Prüfung und Reinigung des ganzen Getriebes notwendig wird. Die Behauptung, dass Ricinusöl die Neigung zeige, sich in Krustenform an den Trogwandungen zu verhärten, ist auf Verwendung unreinen, minderwertigen Oels zurückzuführen.

Die bei regelrechter Ausführung und günstigen Eingriffverhältnissen zwischen den Flanken während des Eingriffdruckes verbleibende Oelschicht erklärt den verhältnismäfsig hohen Wirkungsgrad und die befriedigende Lebensdauer der Schneckentriebwerke, während Schnecke und Rad schnell zugrunde gehen, sobald durch ungünstige oder gar falsche Profile, kleine Eingrifffelder, hohe Belastungen und übermäfsige Umdrehungszahlen unmittelbare Metallberührung stattfindet.

Die zulässige Grenzgeschwindigkeit hängt bei hohen Umlaufzahlen von der spezifischen Pressung in der Weise ab, dass letztere im allgemeinen mit wachsender Umlaufgeschwindigkeit kleiner zu wählen ist[1]). Unter keinen Umständen darf die Geschwindigkeit bis znm vollständigen Abschleudern des Oels durch die Zentrifugalkraft gesteigert werden. Bis zur Grenze der dauernd zunehmenden Wärmeerzeugung ist eine Steigerung der Umlaufzahl günstig, weil dadurch die Druckdauer zwischen den ölbenetzten Flächen abgekürzt und die Sicherheit reiner Flüssigkeitsreibung vermehrt wird, während bei geringen Arbeitsgeschwindigkeiten das Oel Zeit findet, unter dem Zahndruck zwischen den Flanken zu entweichen. Dies gelangt in der Abnahme des Wirkungsgrades bei verminderter Geschwindigkeit deutlich zum Ausdruck und bildet eine der Ursachen, weshalb man der Berechnung des Kraftverbrauches nicht den günstigen Wirkungsgrad des Beharrungszustandes schnelllaufender Schnecken zugrunde legen darf, sondern den weit niedrigeren der langsamen Anlaufbewegung berücksichtigen muss. Aus derselben Ursache erklärt sich auch die bekannte Wahrnehmung, dass die sogenannten selbsthemmenden Schnecken mit geringer Steigung nur im Ruhezustande und bei geringer Geschwindigkeit wirklich selbsthemmend wirken, im Beharrungszustande dagegen nicht oder wenigstens nur sehr unzuverlässig.

---

[1]) Vergl. Fufsnote S. 89.

Buchdruckerei A. W. Schade, Berlin N., Schulzendorferstr. 26.

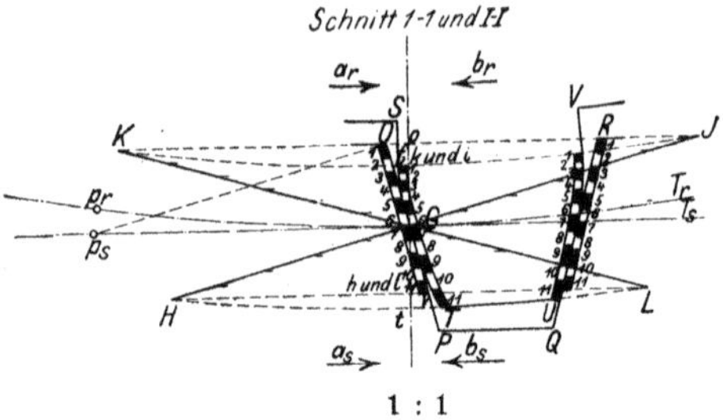

1 : 1

Fig. 3.

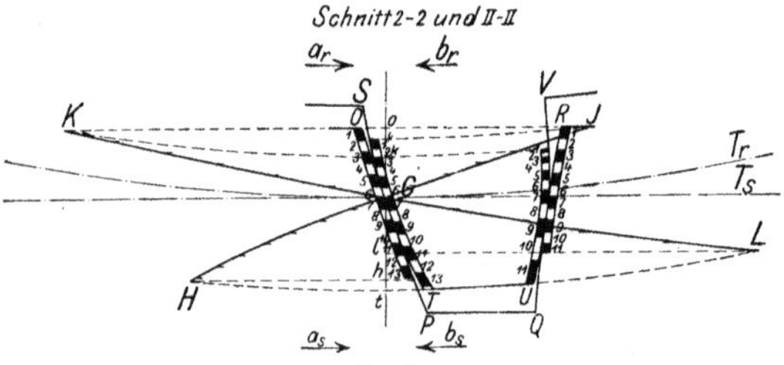

1 : 1

Fig. 4.

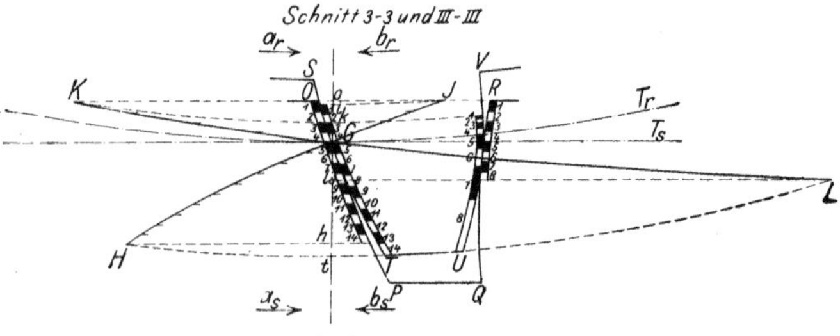

1 : 1

Fig. 5.

Blatt I.

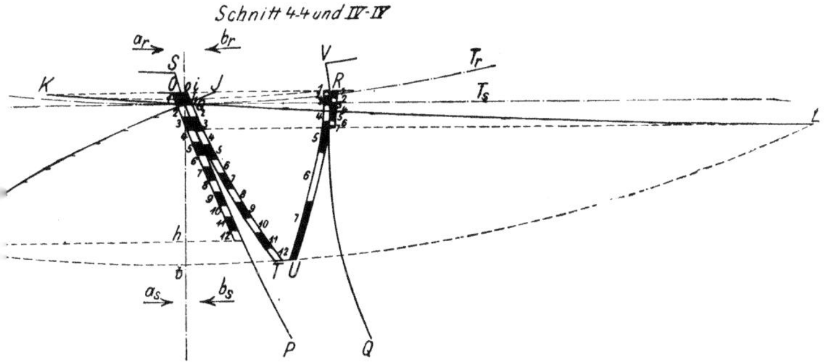

1 : 1

Fig. 6.

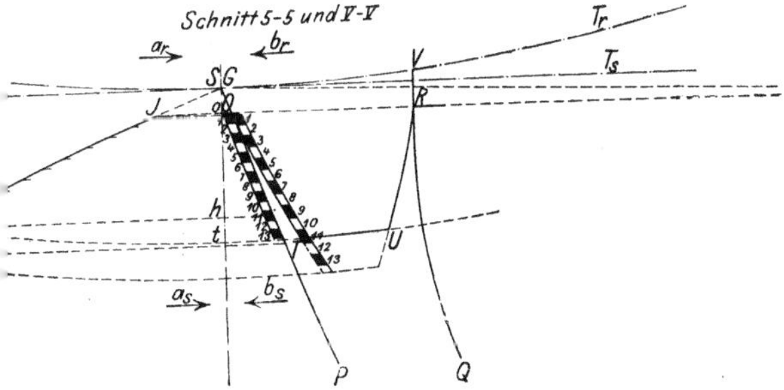

1 : 1

Fig. 7.

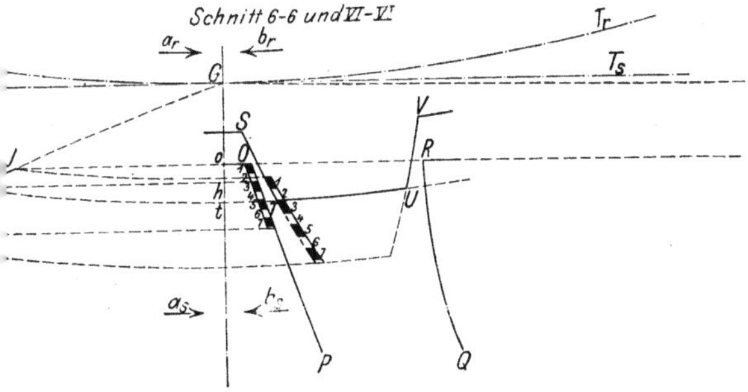

1 : 1

Fig. 8.

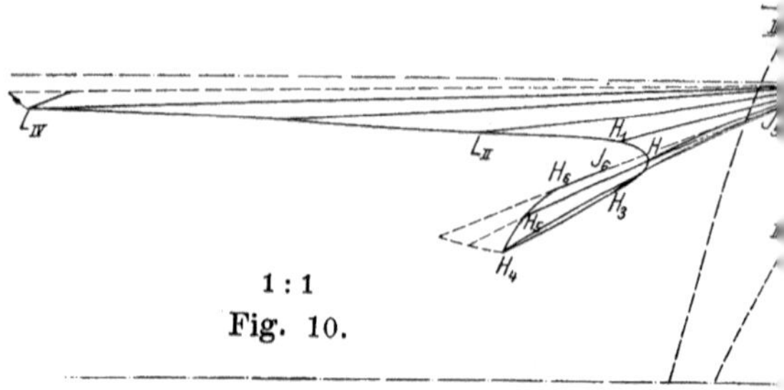

1 : 1
Fig. 10.

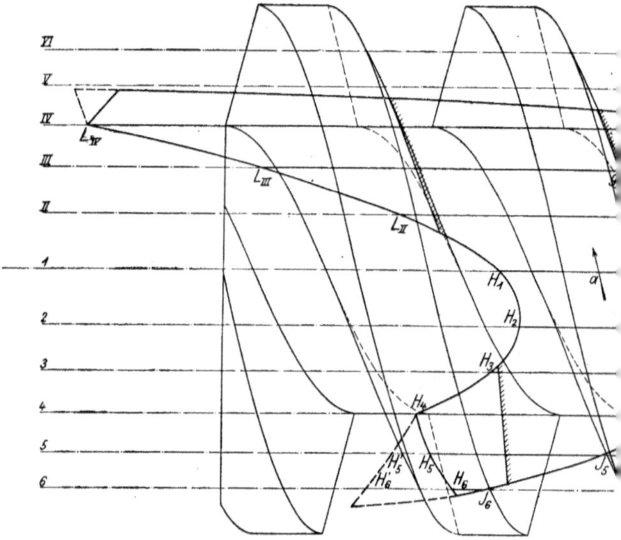

1 : 1
Fig. 11.

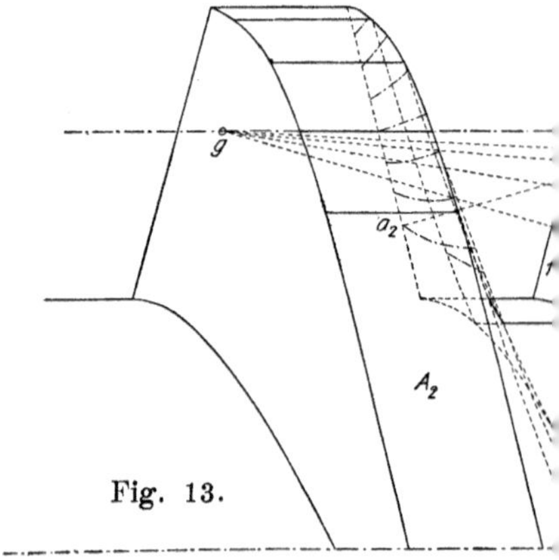

Fig. 13.

Blatt II.

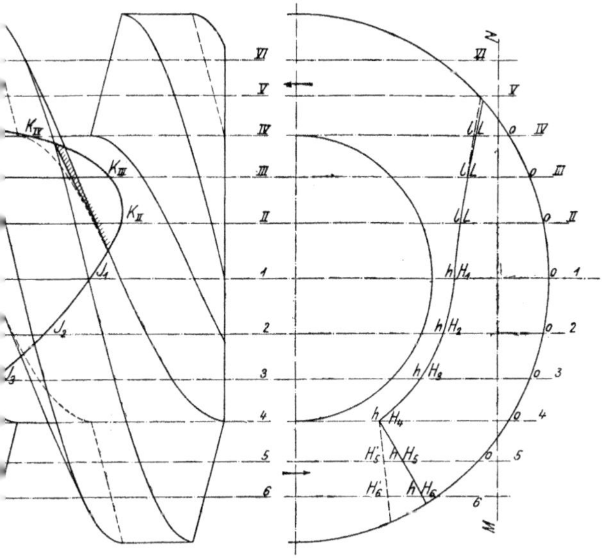

1 : 1
Fig. 12.

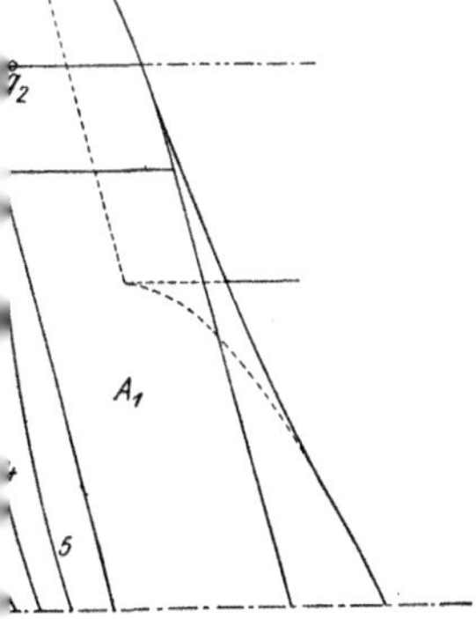

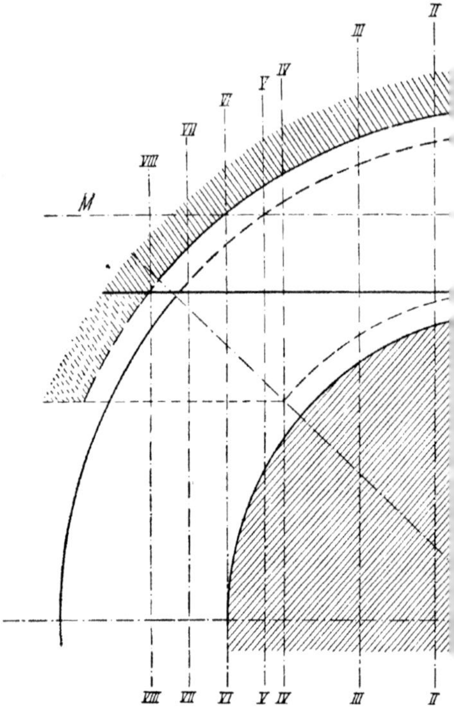
II
III
IV
V
VI
VII
VIII
M
VIII VII VI V IV III II

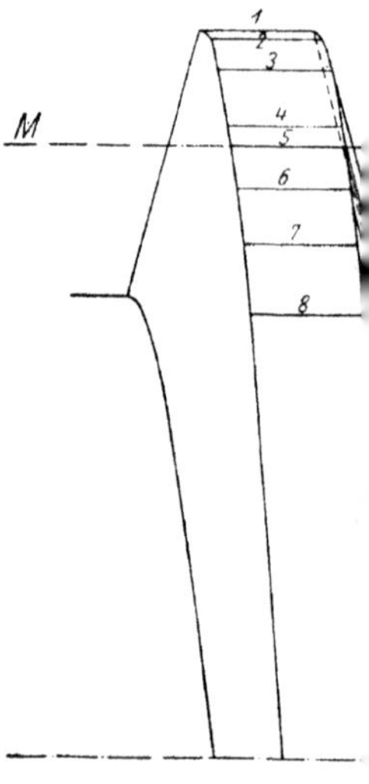
1
2
3
4
5
6
7
8
M

Blatt III.

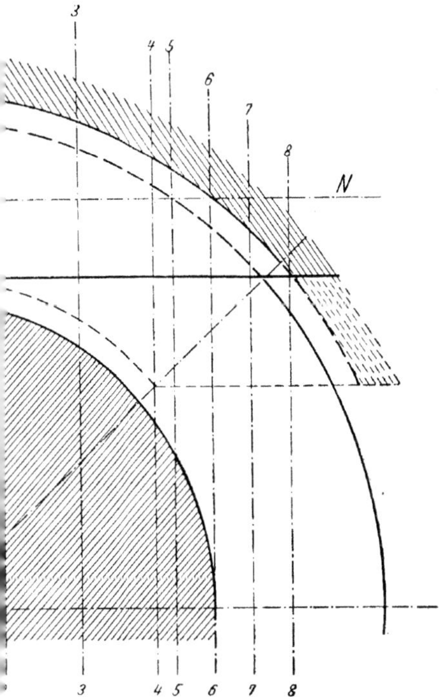

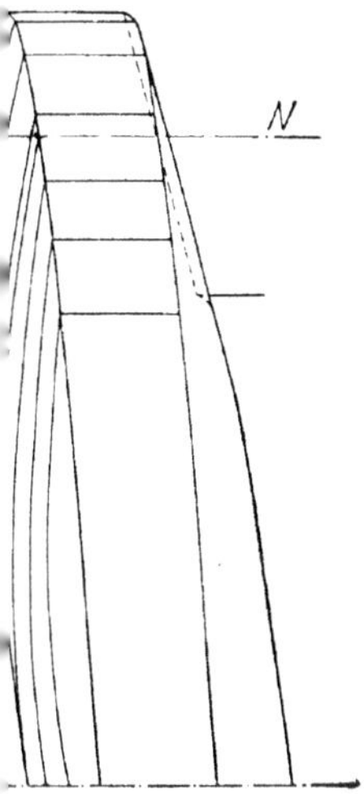

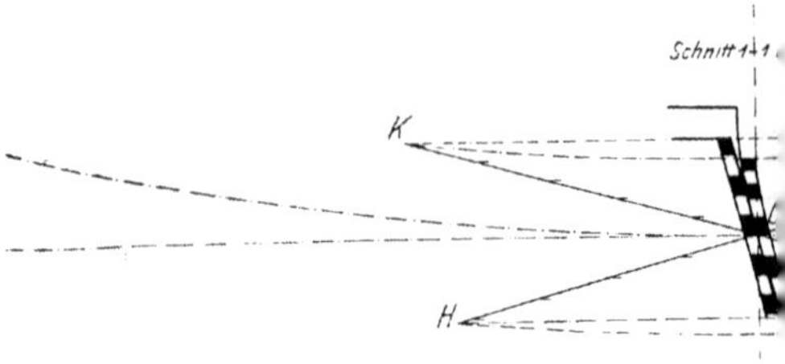

1 : 1

Fig. 17.

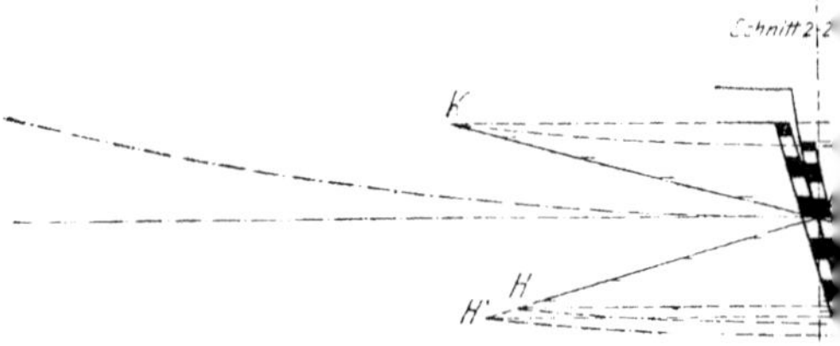

1 : 1

Fig. 18.

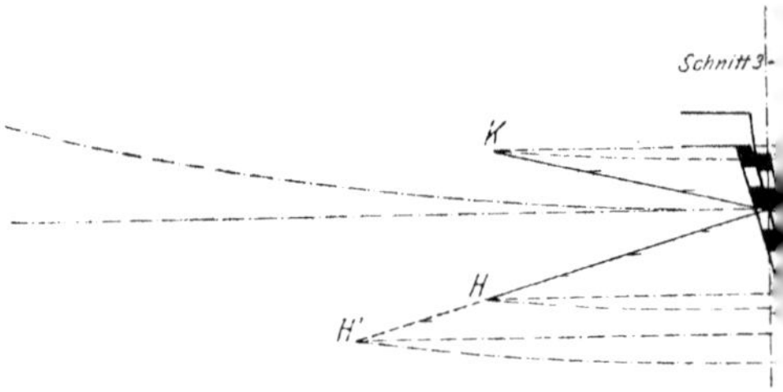

1 : 1

Fig. 19.

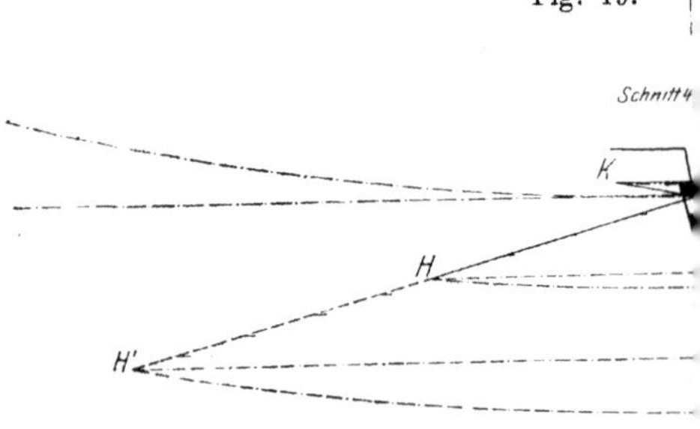

1 : 1

Fig. 20.

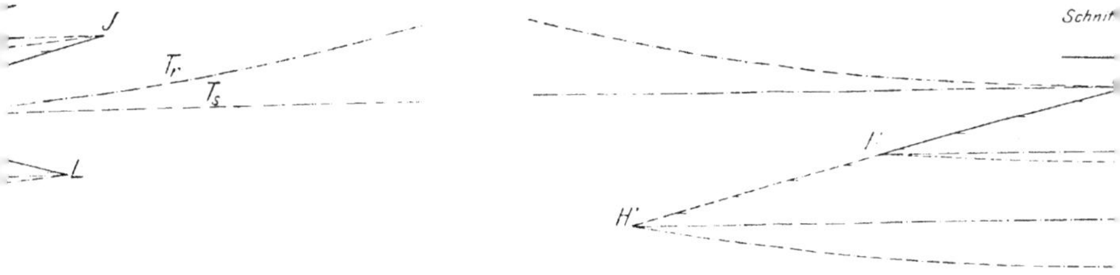

1 : 1

Fig. 21.

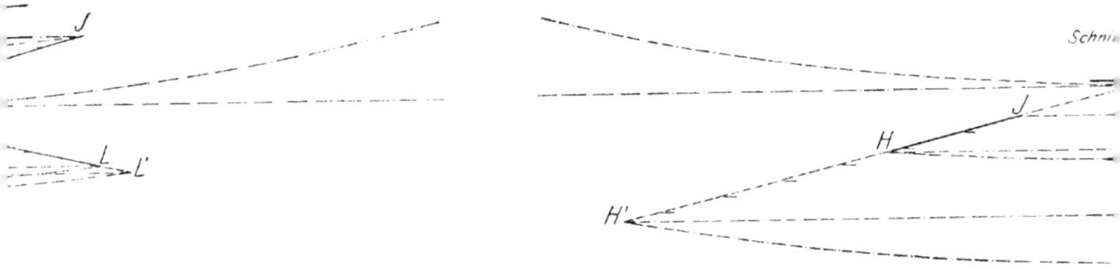

1 : 1

Fig. 22.

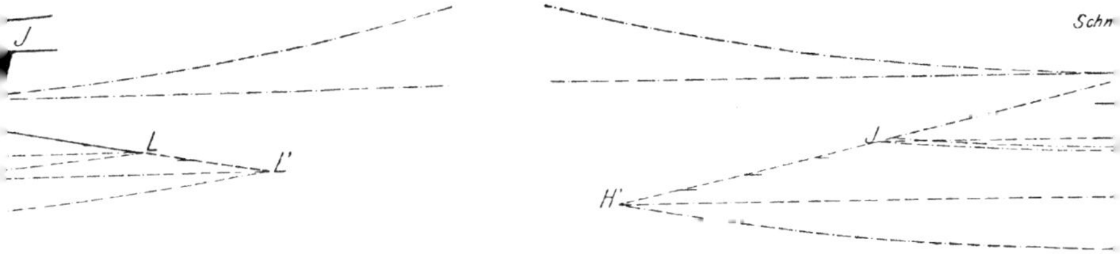

1 : 1

Fig. 23.

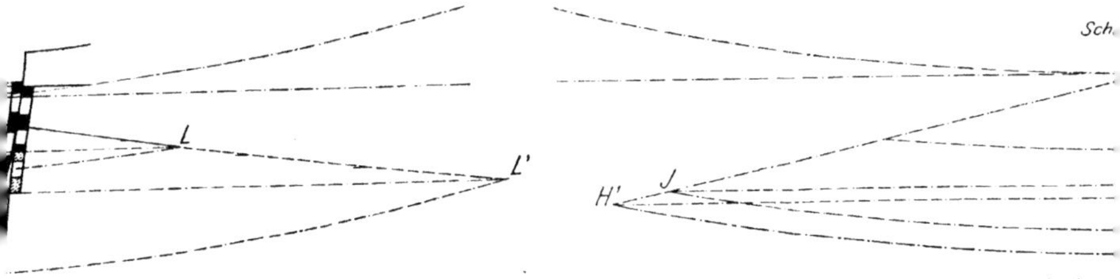

1 : 1

Fig. 24.

Blatt IV.

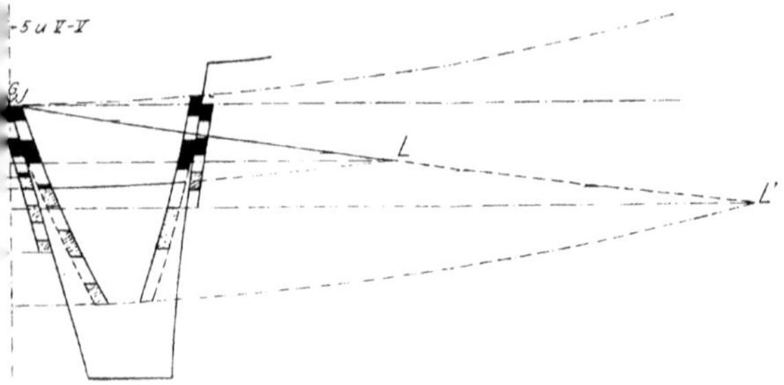

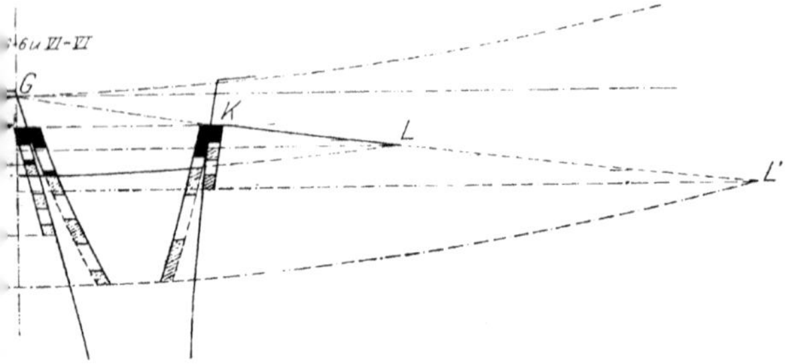

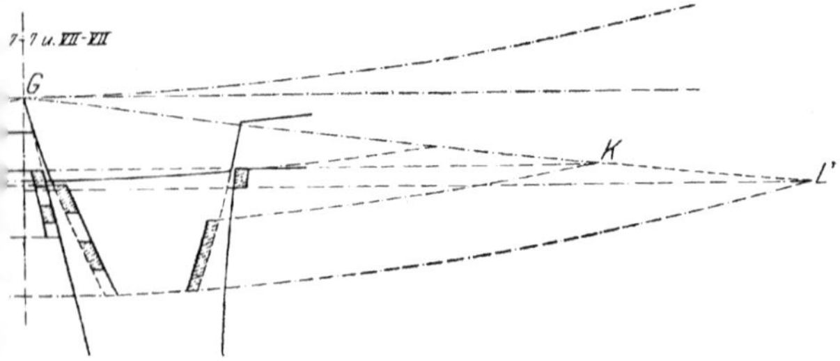

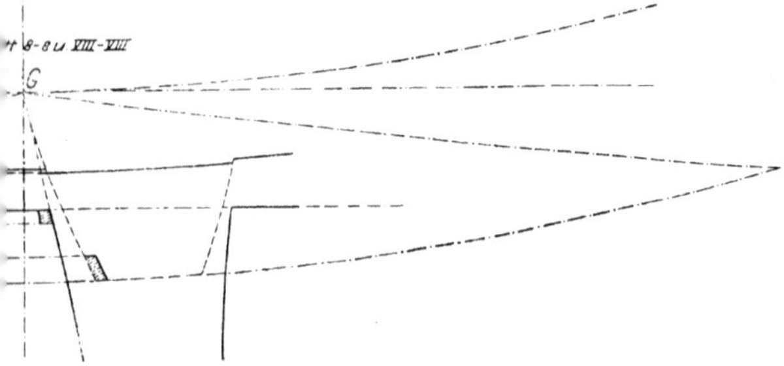

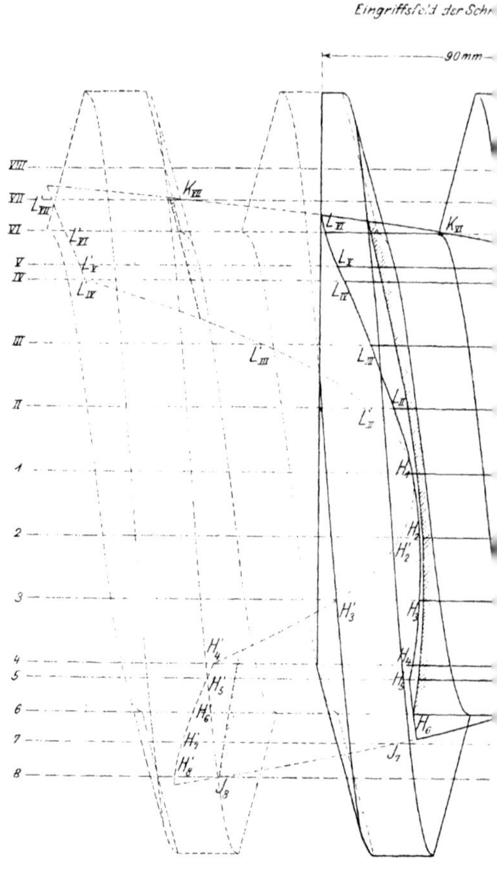

Eingriffsfeld der Schn
90 mm
VIII
VII
VI
V
IV
III
II
1
2
3
4
5
6
7
8

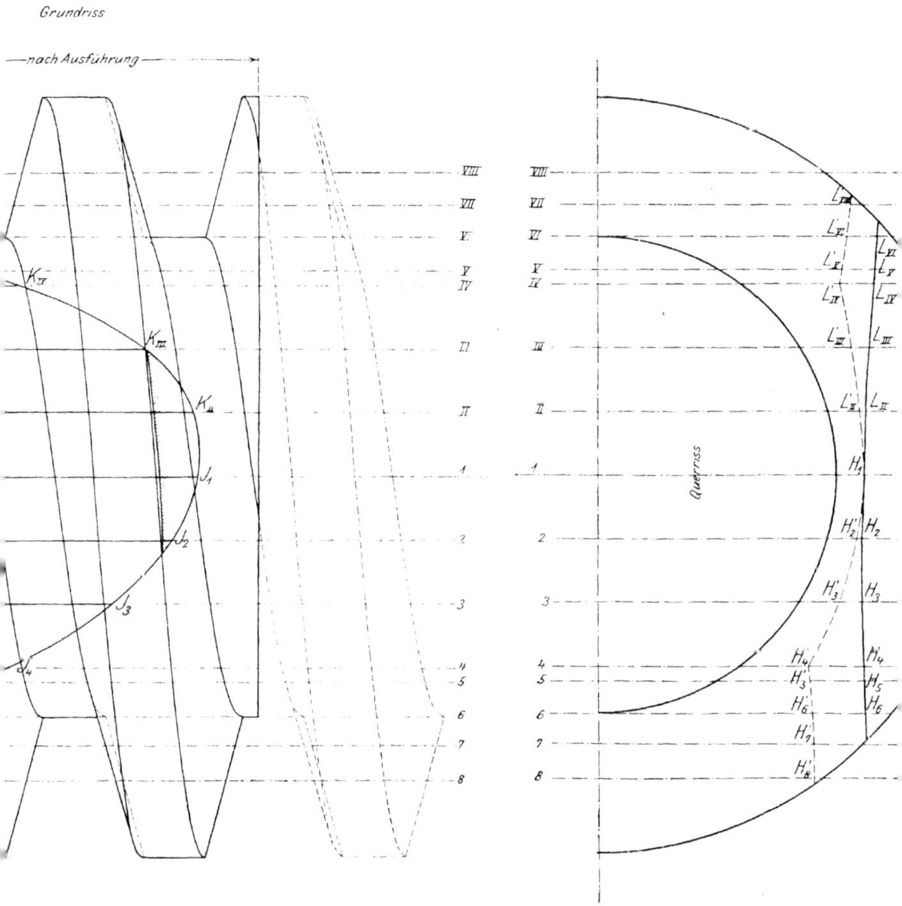
Grundriss
nach Ausführung
Querriss
VIII
VII
VI
V
IV
III
II
1
2
3
4
5
6
7
8

1 : 1
Fig. 26.

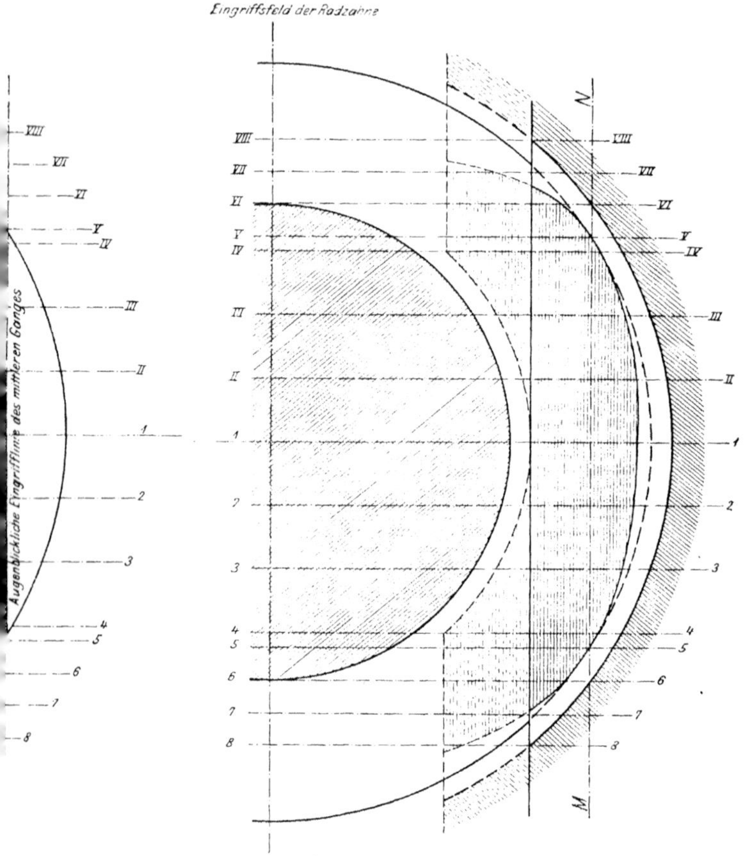

Eingriffsfeld der Radzahne
Augenblickliche Eingrifflinie des mittleren Ganges
N
M
VIII
VII
VI
V
IV
III
II
1
2
3
4
5
6
7
8

1 : 1

Fig. 27.

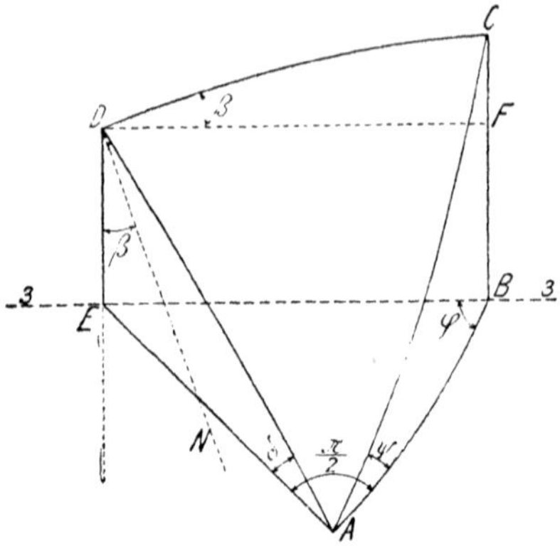

Fig. 29.

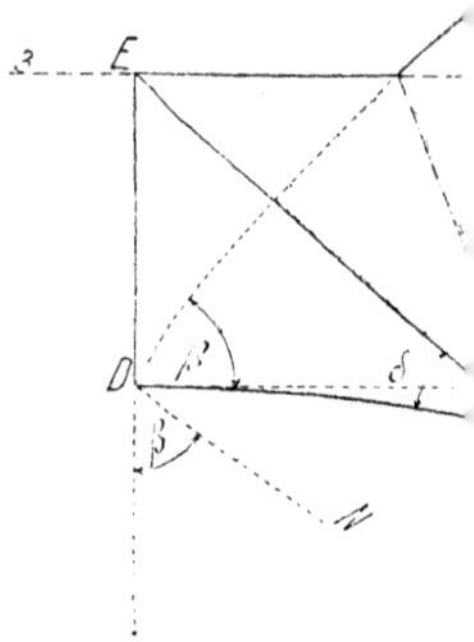

Fig. 3

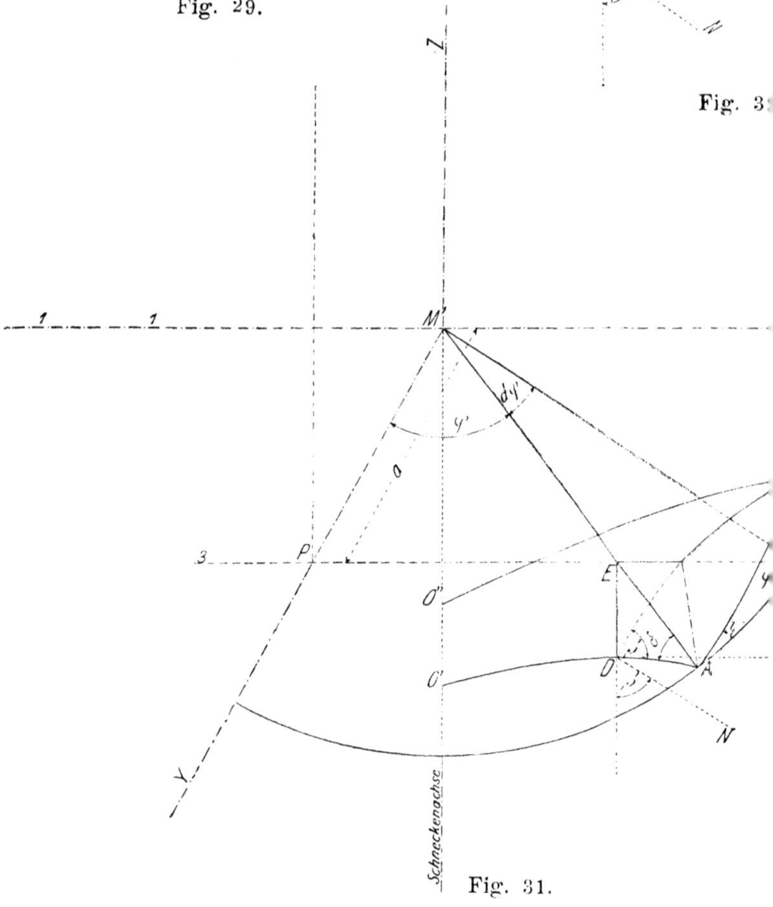

Fig. 31.

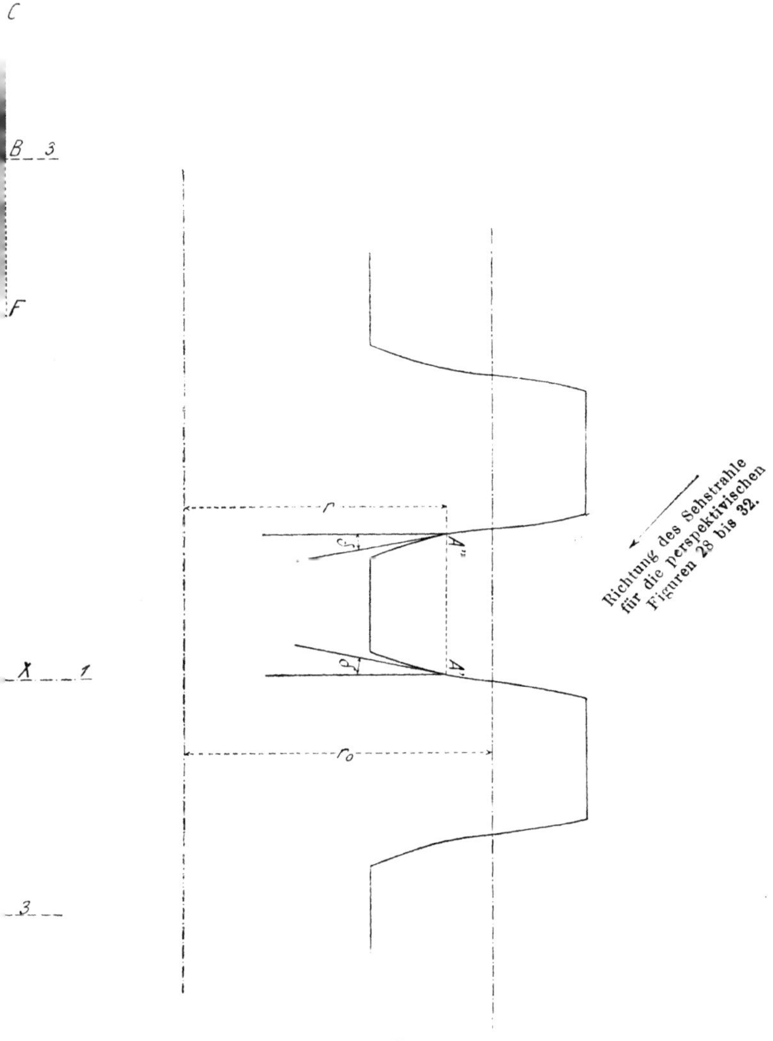
C
B 3
F
X 1
3
r
r_o
A''
A'
δ
δ
Richtung des Sehstrahle
für die perspektivischen
Figuren 28 bis 32.

Fig. 30.

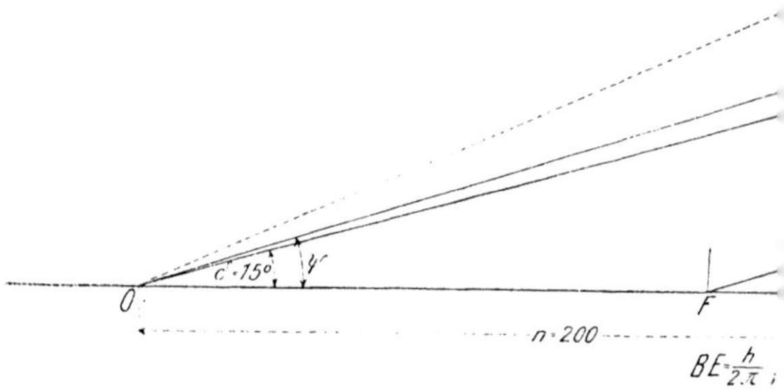
α=15°
φ
O
F
n=200
BE=h/2.π ;

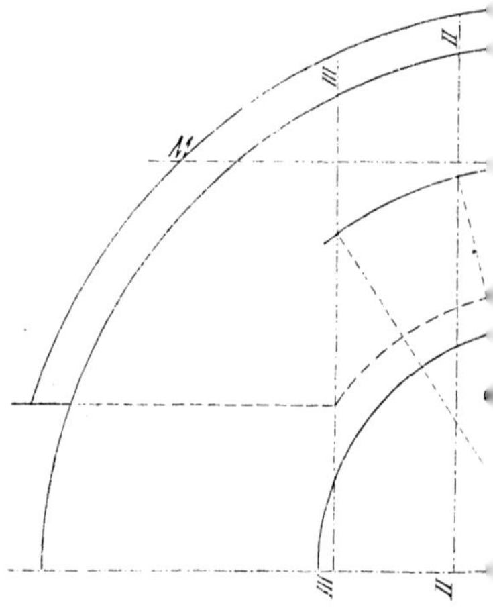
II
III
M
III
II

Blatt VII.

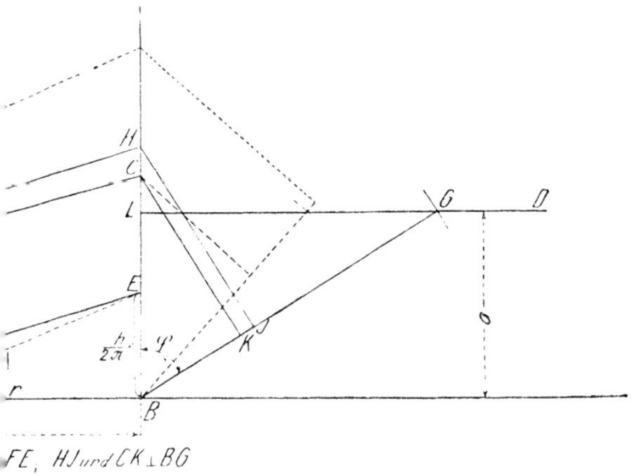

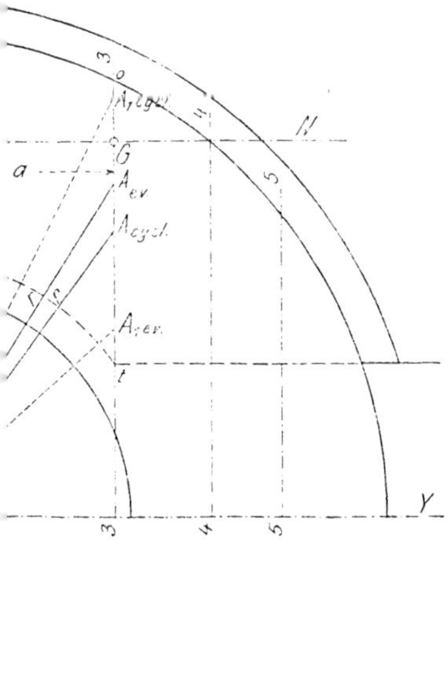

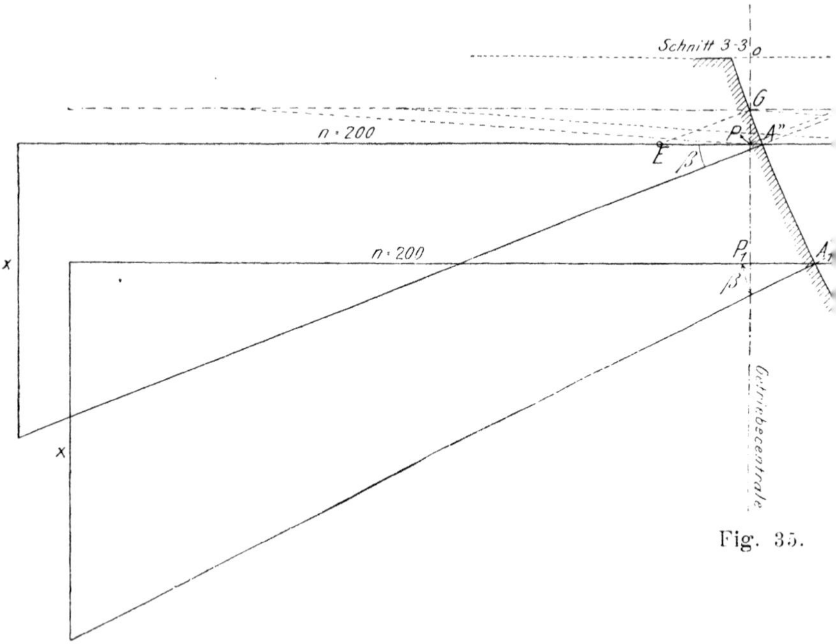

Fig. 35.

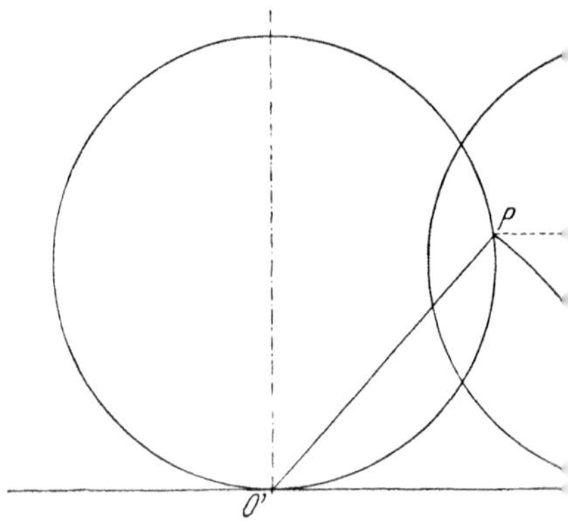

Fig. 36.

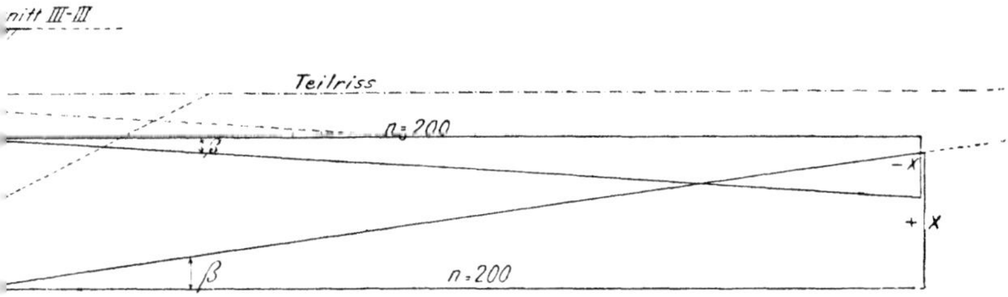
nitt III-III
Teilriss
n=200
β
−x
+
x
β
n=200

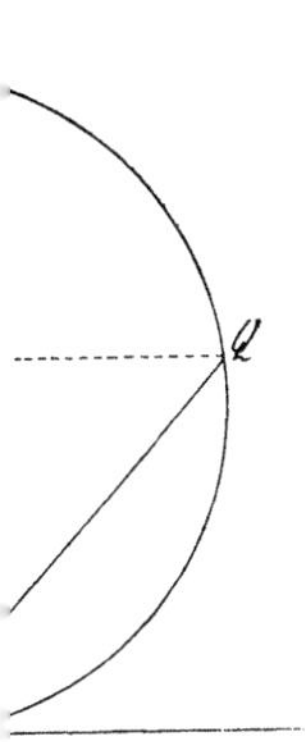
Q

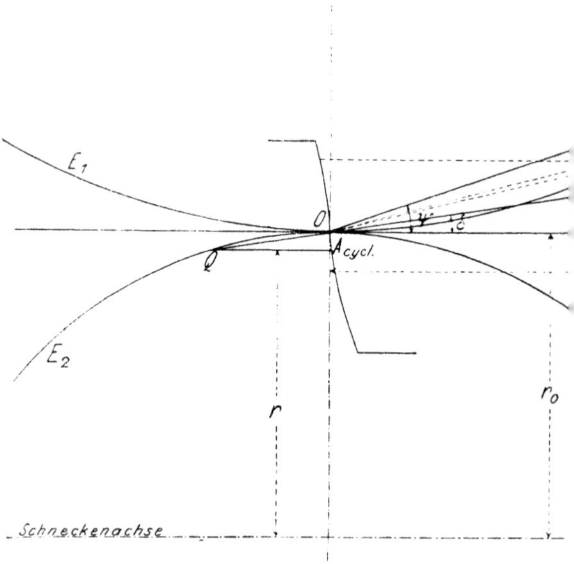

E1
E2
O
Q
A cycl.
ψ
δ
r
r0
Schneckenachse

Fig. 37.

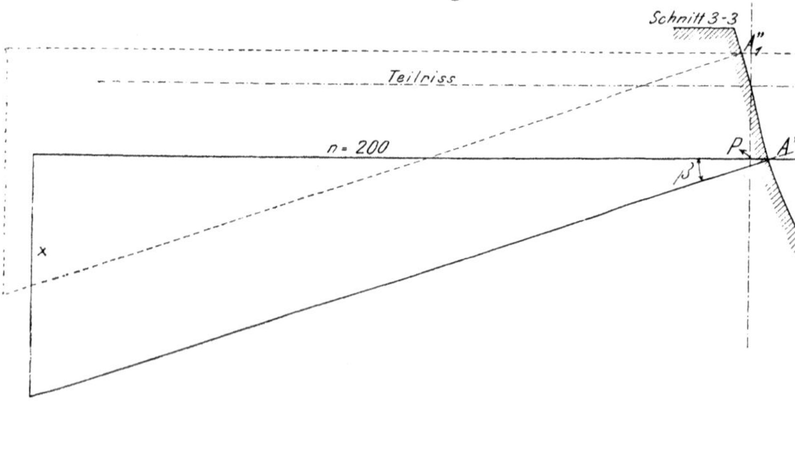

Schnitt 3-3
A1''
Teilriss
n = 200
P
A''
β
x

Fi

Blatt IX.

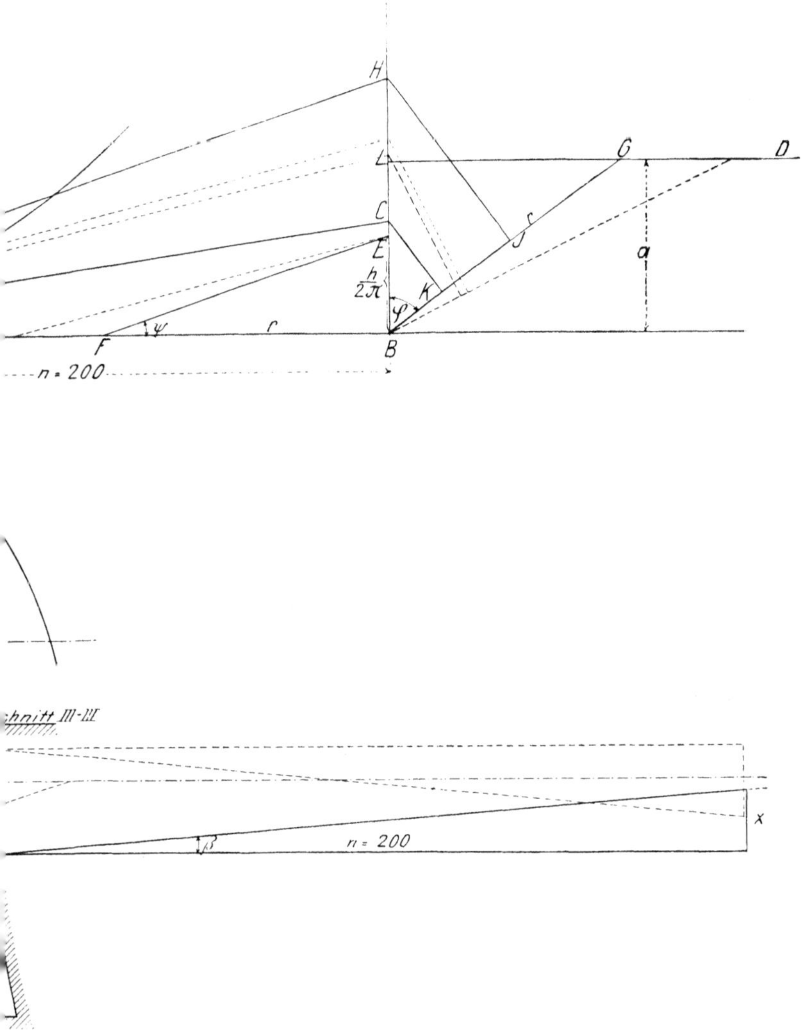

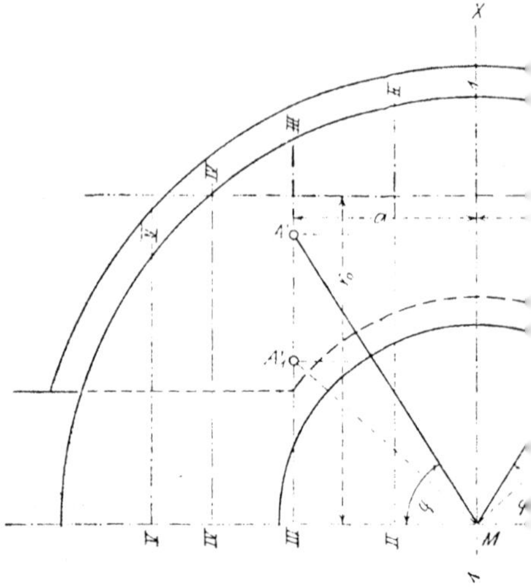

Fig. 40.

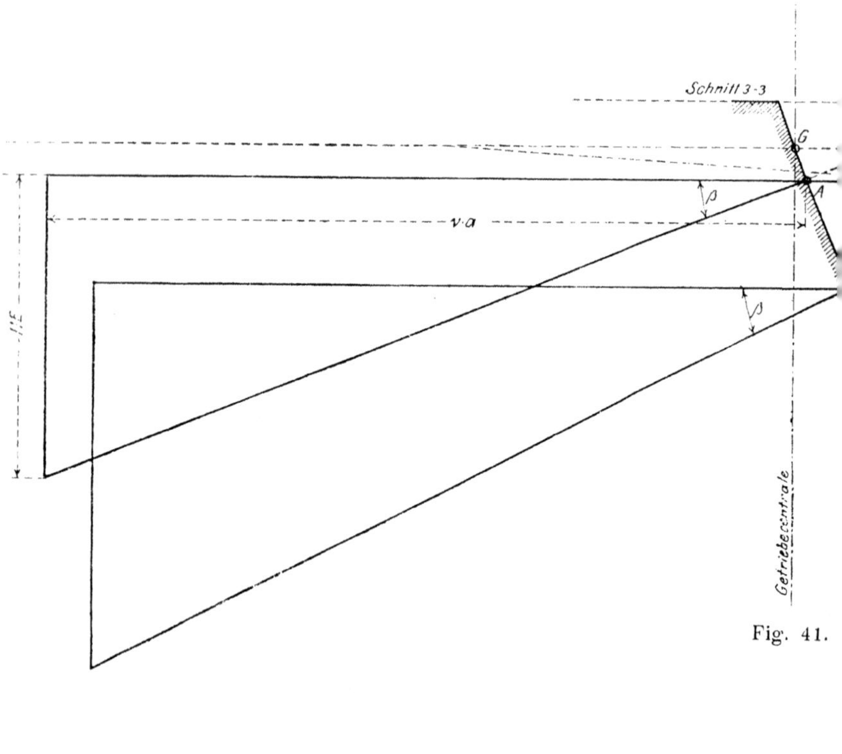

Fig. 41.

Blatt X.

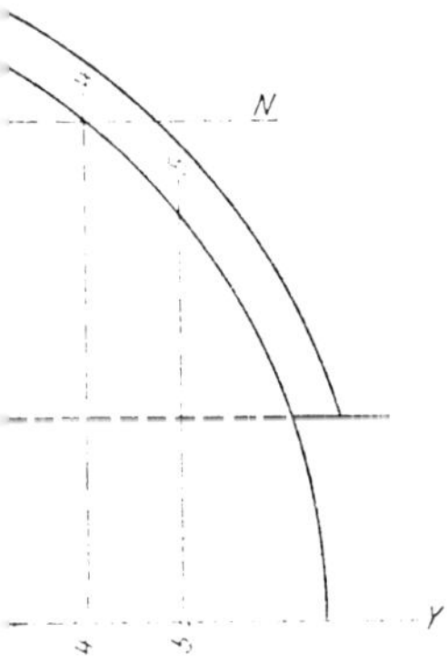

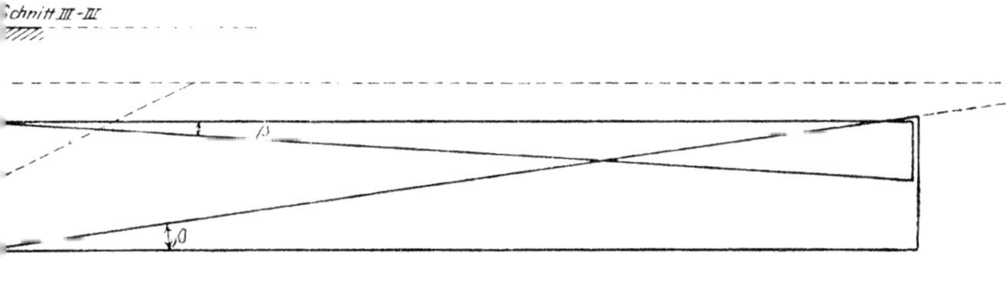

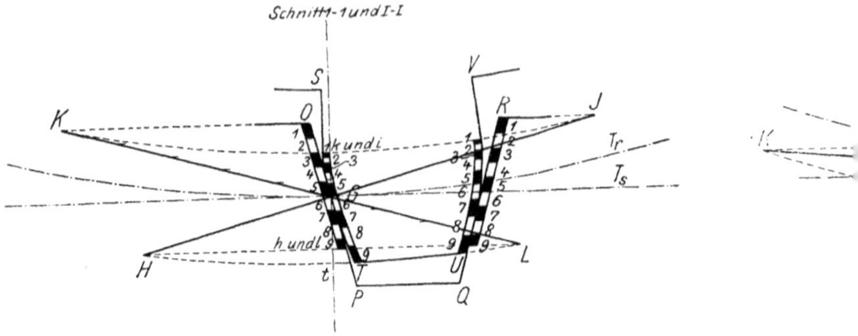

Fig. 44.

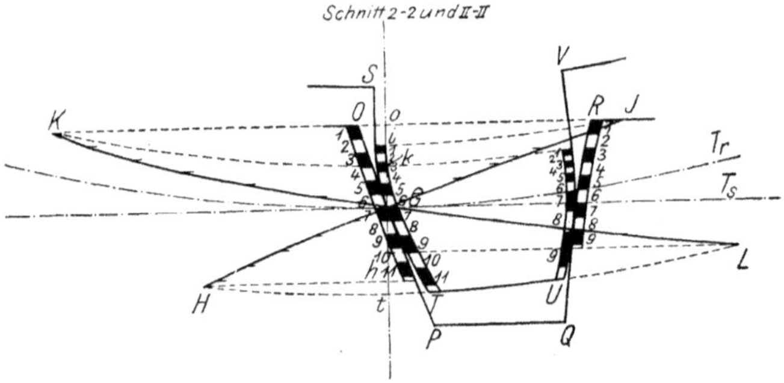

Fig. 45.

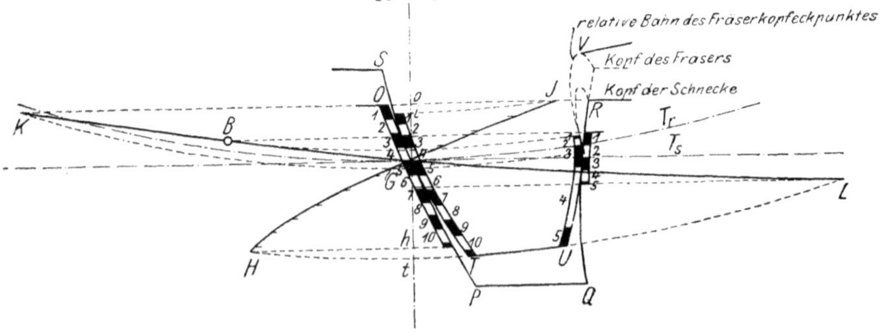

Fig. 46.

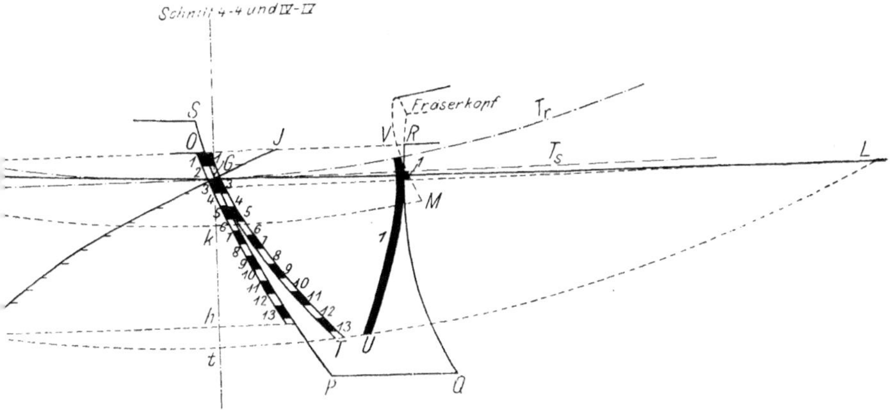

2 : 1

Fig. 47.

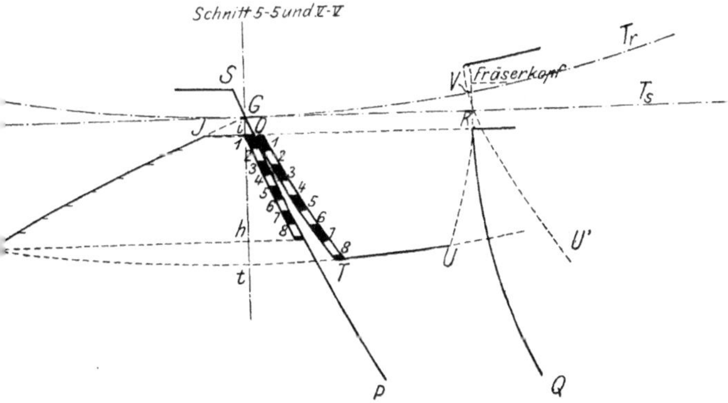

2 : 1

Fig. 48.

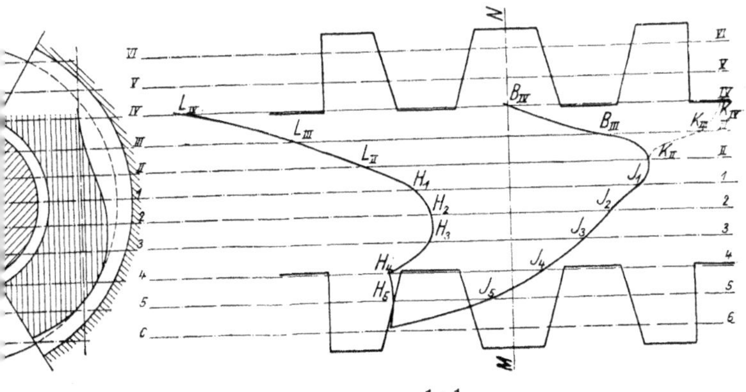

1 : 1

Fig. 49.

1 : 1

Fig. 50.

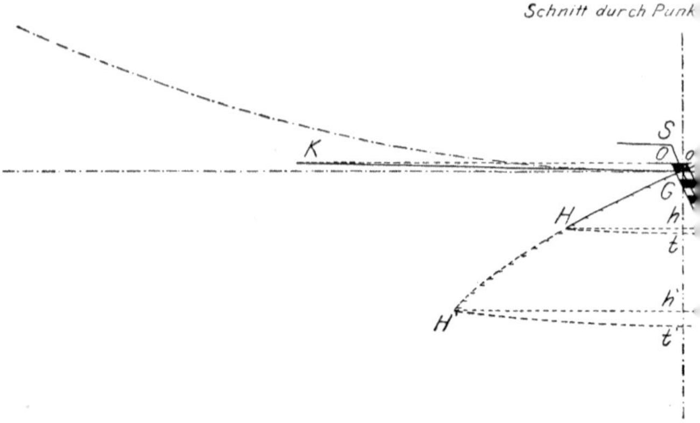
Schnitt durch Punk
S
O
K
G
H
h
t
H'
h'
t'

Fi

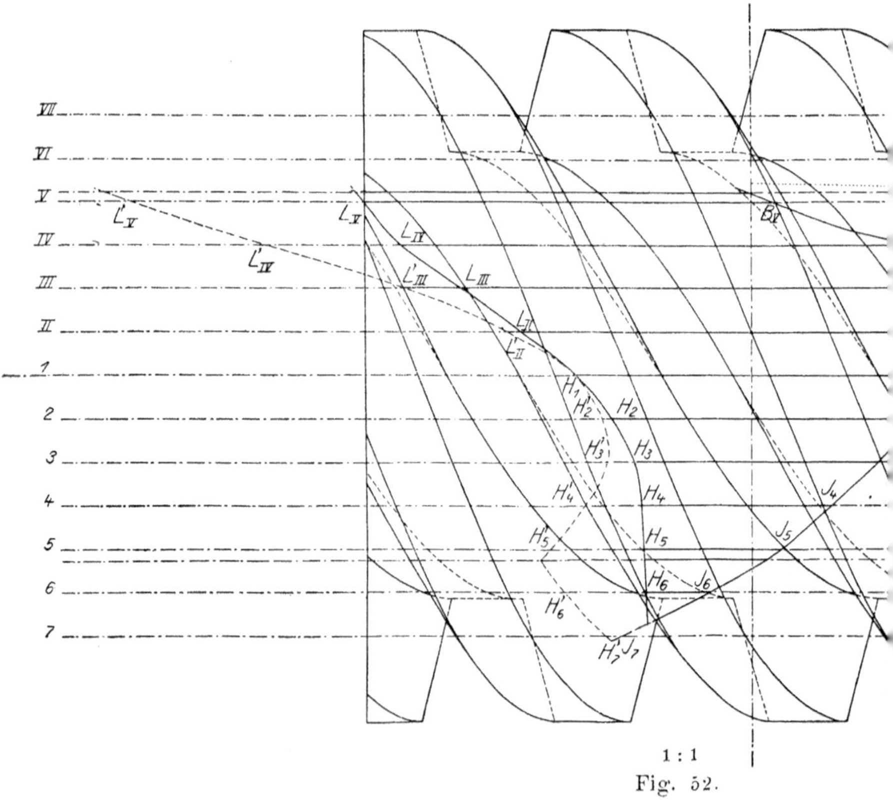
VII
VI
V
IV
III
II
1
2
3
4
5
6
7
L'V
L'IV
LV
LIV
L'III
LIII
LII
L'II
H1
H'2
H2
H'3
H3
H'4
H4
H'5
H5
H6
J6
H'6
H'7
J7
J4
J5
BV

1 : 1

Fig. 52.

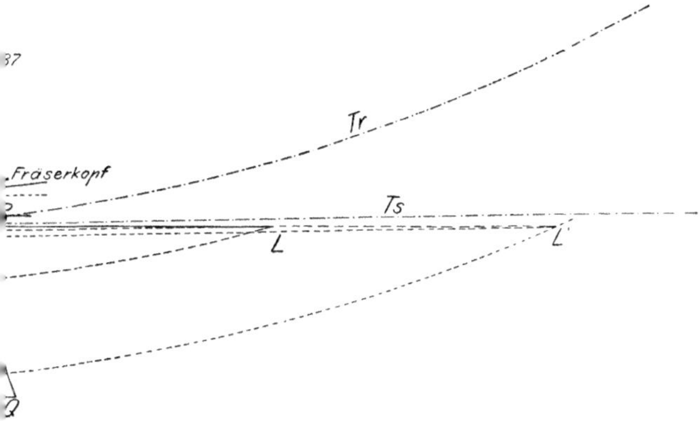

Fräserkopf
Tr
Ts
L
L

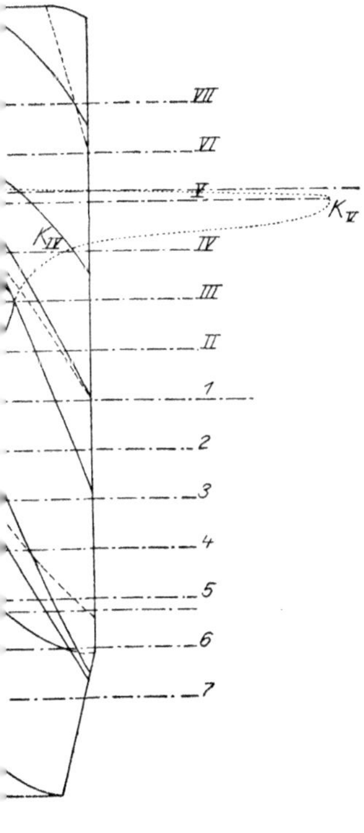

VII
VI
V
K_V
K_{IV}
IV
III
II
1
2
3
4
5
6
7

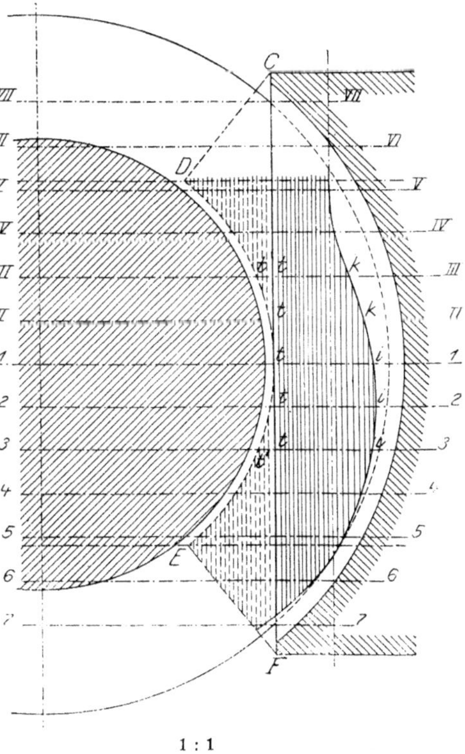

C
D
E
F
t
k
VII
VI
V
IV
III
II
1
2
3
4
5
6
7

1 : 1

Fig. 53.

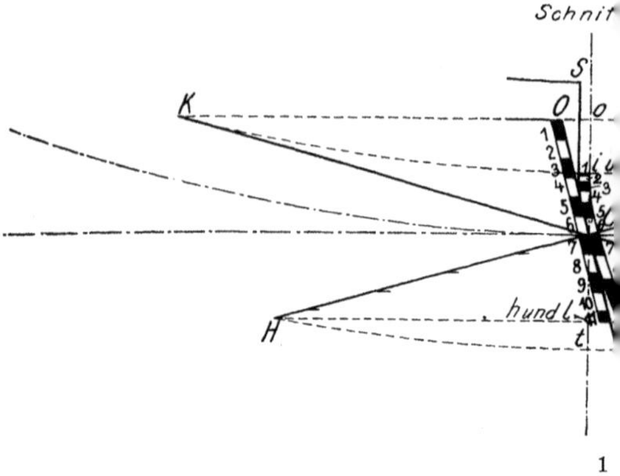

1

Fig

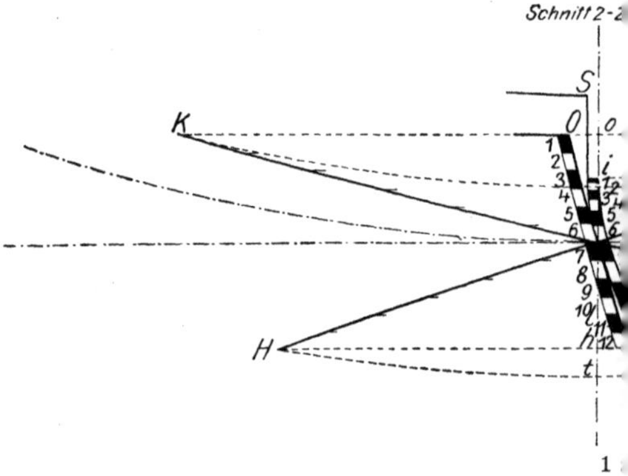

1

Fig.

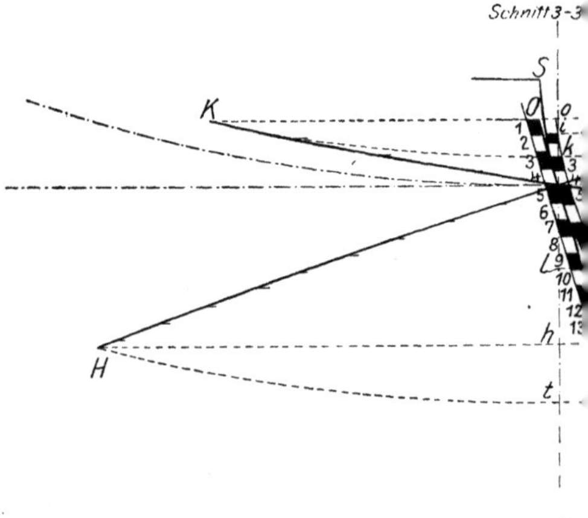

1 :

Fig.

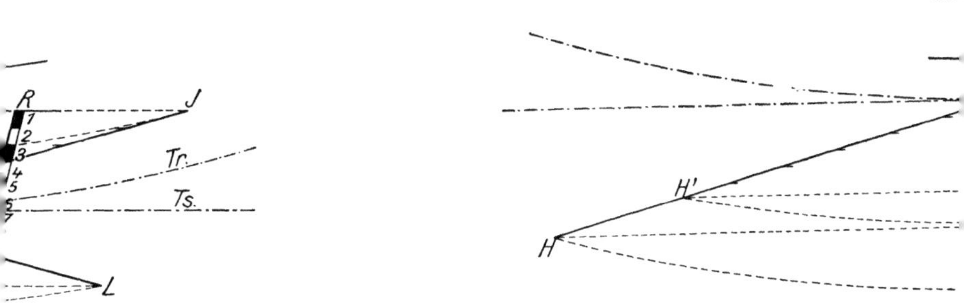

1 : 1

Fig. 58

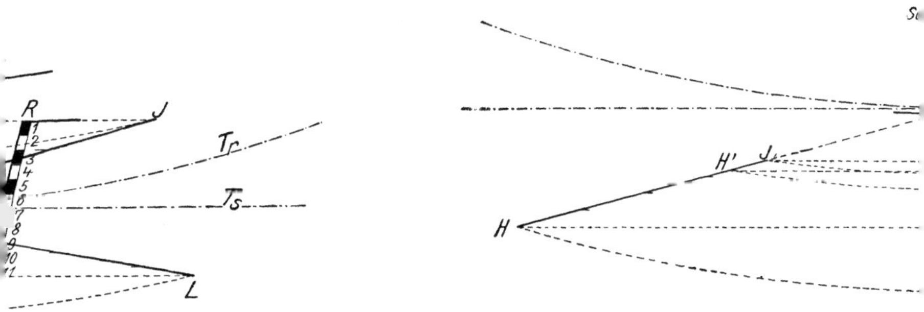

1 : 1

Fig. 5

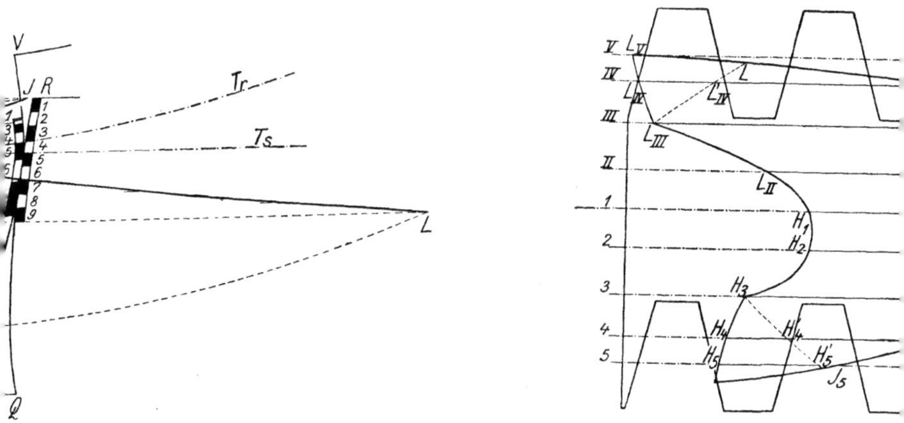

1 : 2

Fig. 60

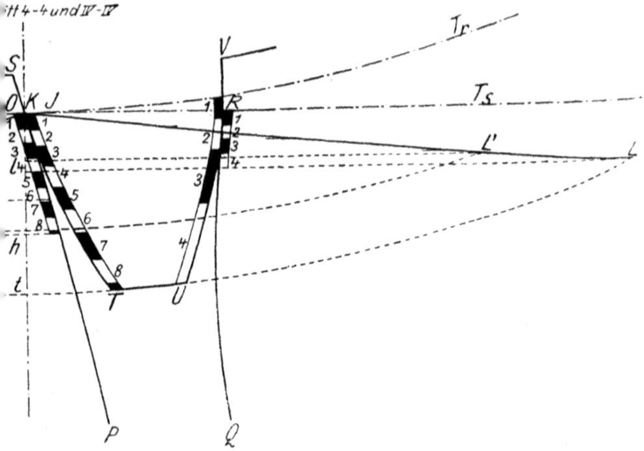
itt 4-4 und IV-IV
Tr
Ts
V
S
O K J
R
L'
L
l
h
t
T
U
P
Q

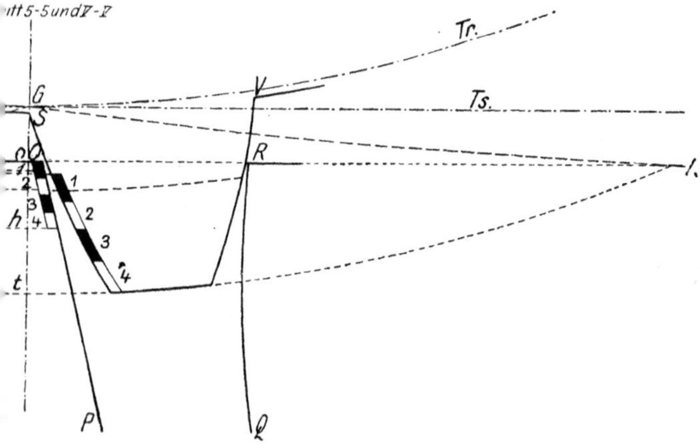
itt 5-5 und V-V
Tr.
Ts.
G
V
S
O
R
L
h
t
P
Q

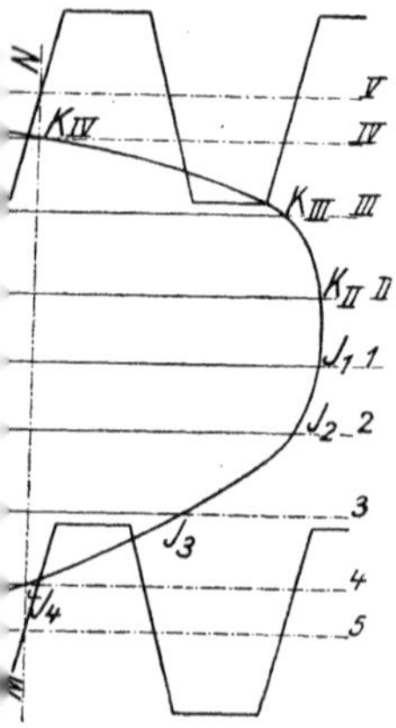
N
V
IV
III
II
1
2
3
4
5
K_{IV}
K_{III}
K_{II}
J_1
J_2
J_3
J_4

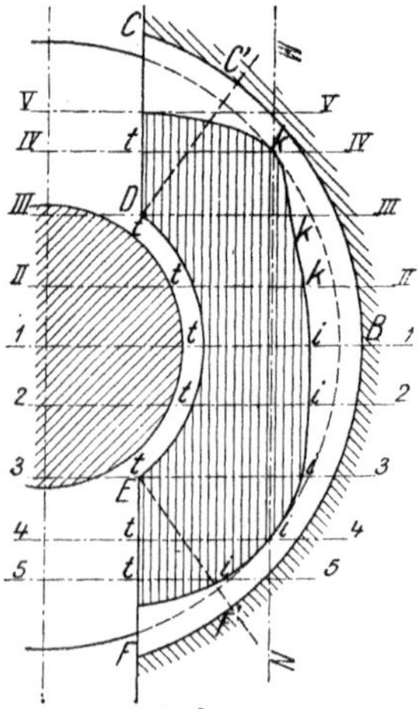
C
C'
N
V
IV
III
II
1
2
3
4
5
D
E
F
B

1 : 2

Fig. 54.

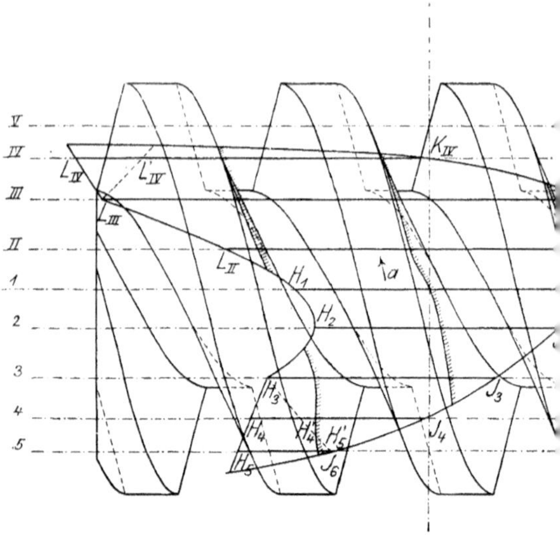

1 : 2
Fig. 61.

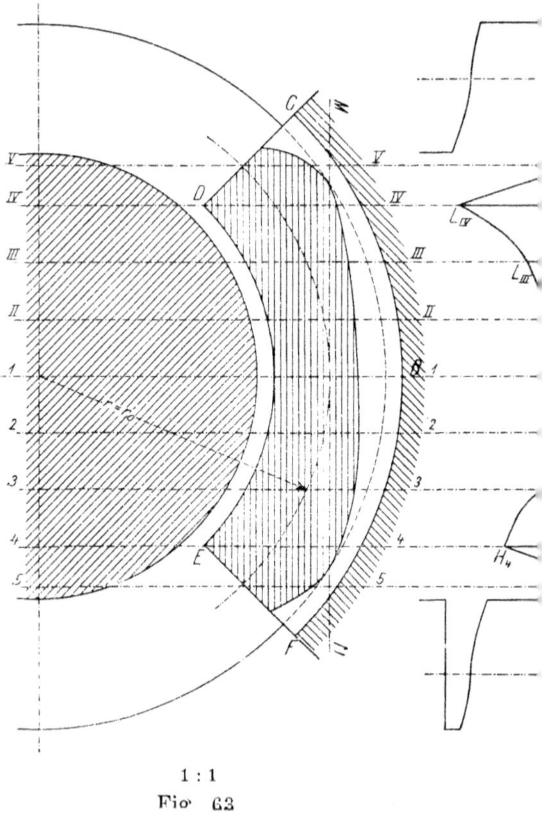

1 : 1
Fig. 63

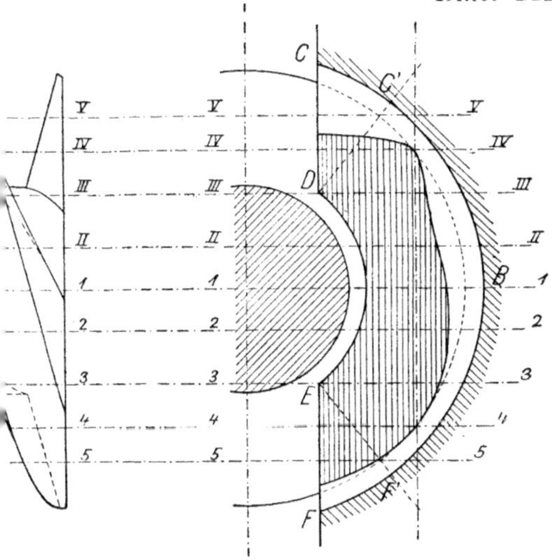

1 : 2
Fig. 62.

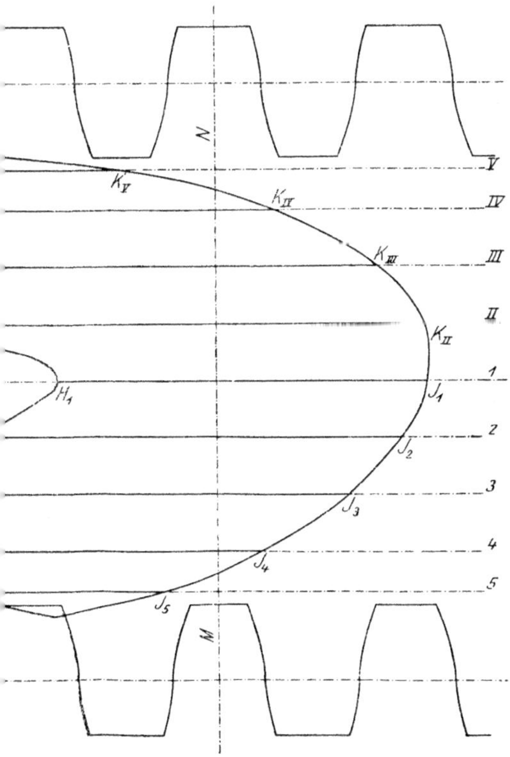

1 : 1
Fig. 64.

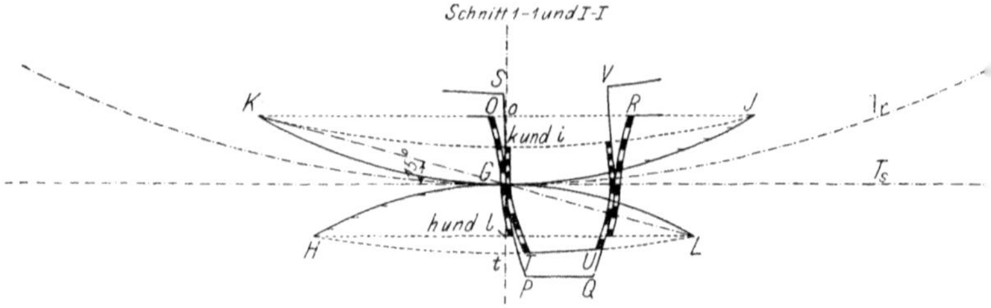

1 : 1

Fig. 65.

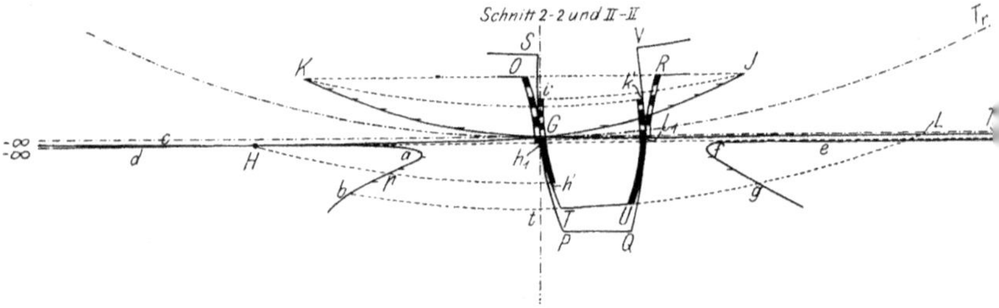

1 : 1

Fig. 66.

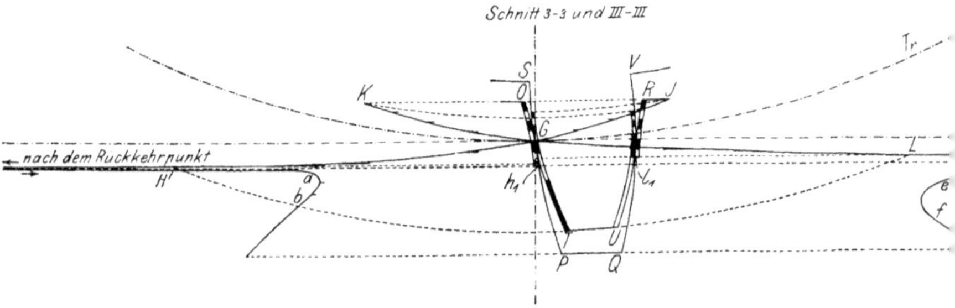

1 : 1

Fig. 67.

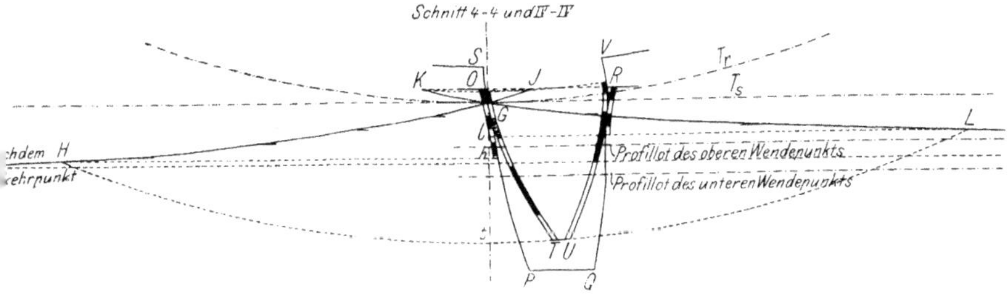

1 : 1

Fig. 68.

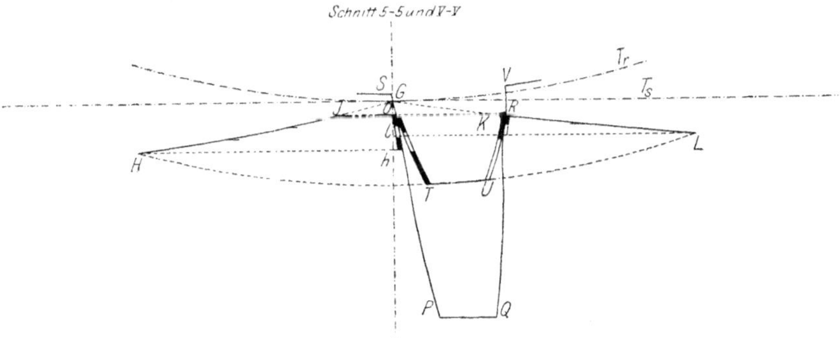

1 : 1

Fig. 69.

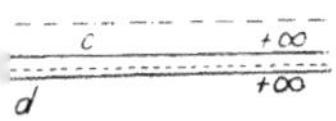

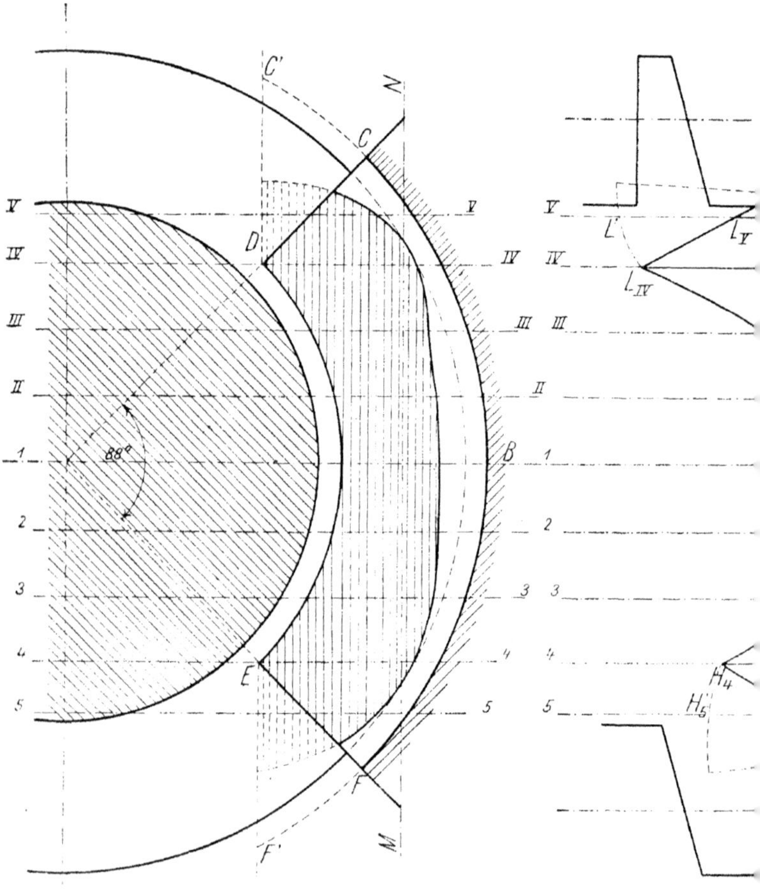

1 : 1

Fig. 70.

Blatt XVI.

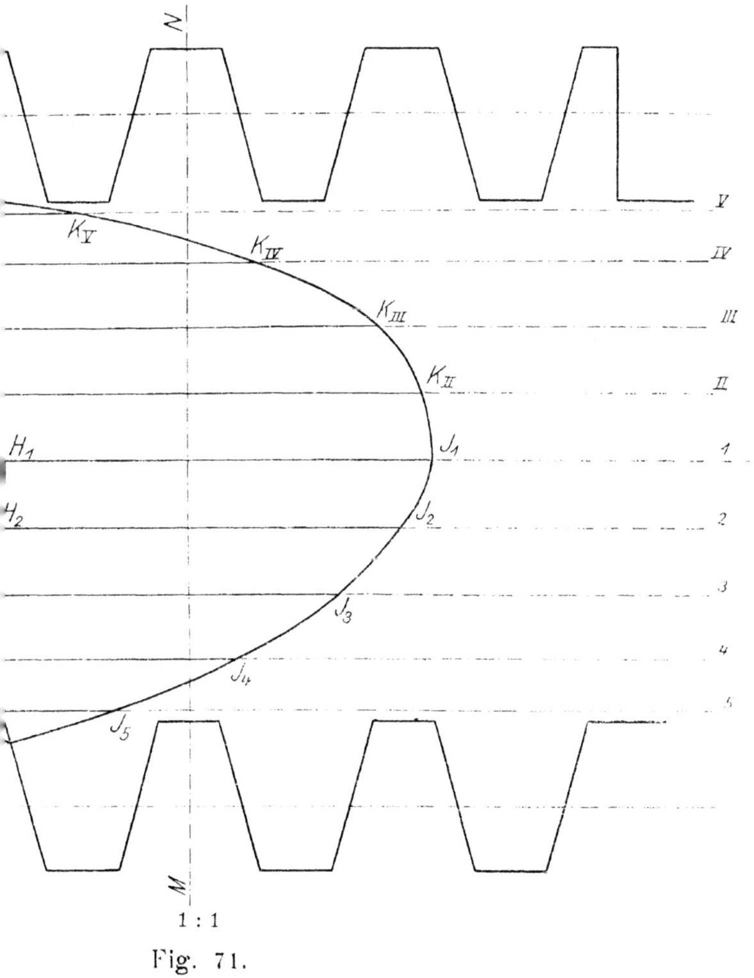

1 : 1

Fig. 71.

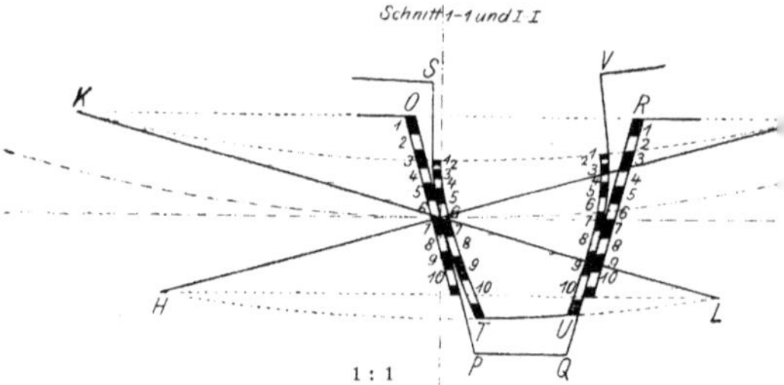

1 : 1

Fig. 72.

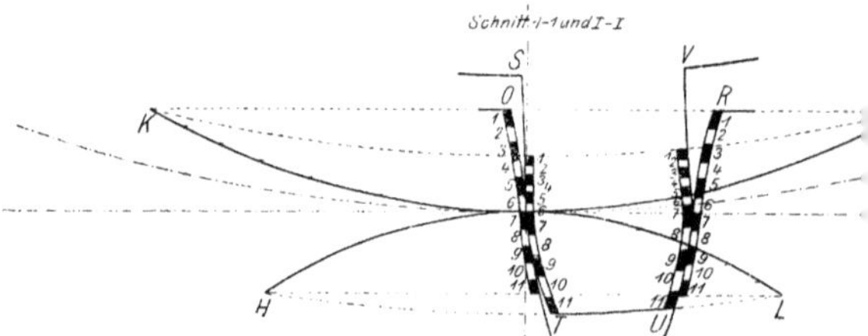

1 : 1

Fig. 73.

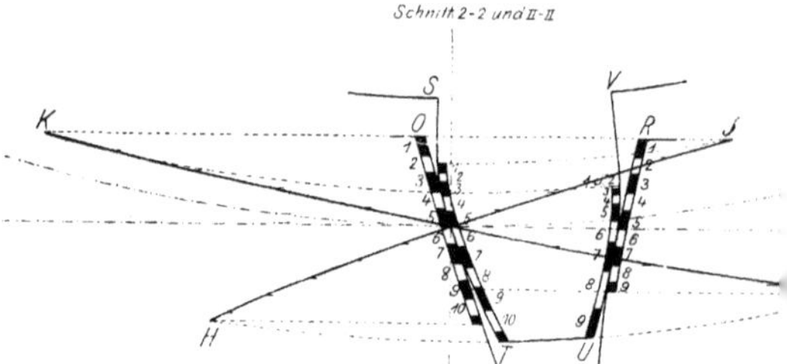

1 : 1

Fig. 74.

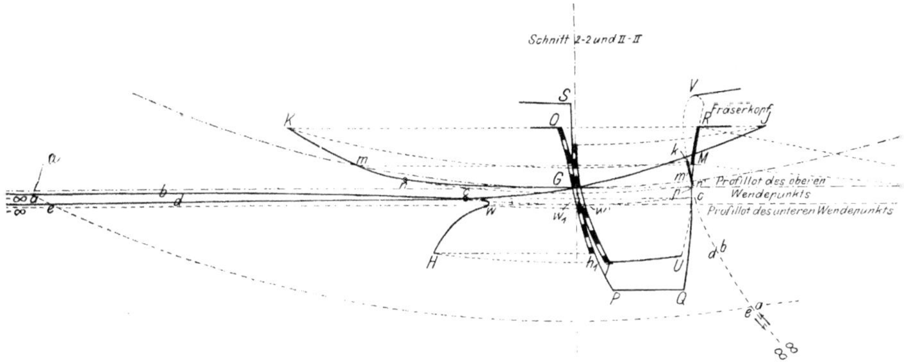

1 : 1

Fig. 75.

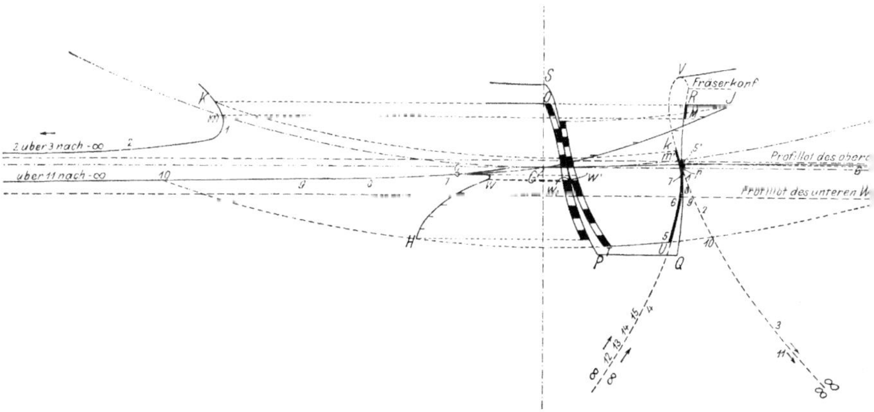

1 : 1

Fig. 76.

Blatt XVII.

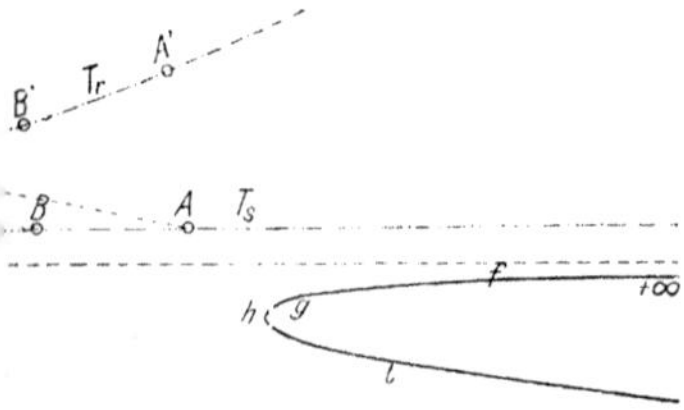

GPSR Compliance

The European Union's (EU) General Product Safety Regulation (GPSR) is a set of rules that requires consumer products to be safe and our obligations to ensure this.

If you have any concerns about our products, you can contact us on ProductSafety@springernature.com

In case Publisher is established outside the EU, the EU authorized representative is:

Springer Nature Customer Service Center GmbH
Europaplatz 3
69115 Heidelberg, Germany

Batch number: 10682439

Printed by Printforce, the Netherlands